宁波市科学技术协会院士文化研究资助项目

YUANSHI WENHUA YINLUN

院士文化引论

◎ 於贤德 著

浙江大学出版社
ZHEJIANG UNIVERSITY PRESS

研究院士文化 促进万众创新

人类社会总是会根据历史发展的客观需要创造出与之相适应的制度。院士制度就是在产业革命和随之而来的科学革命的强烈推动下应运而生的。当时在科学研究方面走在世界前列的英、法两国，在 17 世纪 60 年代相继成立了作为国家学术机构的科学院。从社会发展的层面来看，正是欧洲的科学革命催生了院士制度。

今天我们汉语中所使用的"院士"一词，是从英文的 Academician 翻译过来的，是指 Academy 的成员（a member of an academy），本义也可以指"从事学术（或艺术）工作的人"。Academy 这个词语在当时属于普通的日常用语，任何一个学术团体甚至一所高级中学都可以使用这个词汇，所以 Academician 这个称呼本身并不表示它所指代的个人具有多高的学术水平和社会地位，任何一个地方性的或一个专业性的 Academy 成员，都可以称为 Academician。"院士"这个汉语词汇，据说是傅斯年先生翻译过来的，这个汉译将西方的"Academy（学院）"与东方的"士"合成一个新词，在某种意义上说既继承了中国历史上朝廷智囊机构"翰林院"这一名称构词中的核心成分，又把中国文化中对于知识分子最常用的称谓"士"字用了进来，使这一译名既符合"信、达、雅"的翻译原则，又在中西合璧的构词方法的绝妙运用之中，十分精当地展示了中国传统文化的历史意蕴和语言大师精湛的翻译水平。

我们今天讨论的院士文化中的院士，已经是指一个国家最高学术机构的正式成员，而这种学术机构一般就是国家级科学院。1660 年成立的英国皇家学会，是世界上最早的国家科学院，这是由 12 位在当时英国学术界最具名望的学者发起组织的学术团体。这个组织最初没有正式的名称，只是到了 1662 年，当时的英国国王查理二世专门为它颁发了宪章。于是，这个学术团体就成为国家最高的学术机构,定名为"皇家学会"或称"伦敦皇家学会",用今天话来说,就是由原本的群众团体升格为正规的国家体制。无独有偶,法国的国家最高学术机构也是由 21 位著名科学家在 1666 年自发组织起来的,到了 1699 年,法国国王路易十四认为应该把这个组织置于王室的保护之下,就将它命名为"法兰西皇家科学院",并且给予较大的财经资助。由于具有较为优越的发展条件,法兰西皇家科学院取得了较大的科研成就,并在当时的欧洲产生了较大的学术影响。当时的欧洲,跟法兰西皇家科学院齐名的还有普鲁士科学院(Preussische Akademie der Wissenschaften, Berlin)和俄国彼得堡皇家科学院(Académie Imperial des Sciences de St. Petersbourg)。它们的建立都和著名数学家莱布尼茨有关。成立于 1863 年的美国国家科学院,倒是由政府发起建立的,但由于当时美国的科学研究水平还不是很高,美国国家科学院的创立者在整体上尚未具有较高的国际学术声望,再加上成立过程出现的一些瑕疵,它在成立后的半个多世纪里对美国的科学研究没有发挥应有的引领作用。

中国的第一个国家科学院——中央研究院是在 1928 年成立的。仿照西方国家科学院较为普遍的院士制度这一模式,同时在当时国内的政治、文化、学术等多种因素的共同作用下,直到 1948 年,中央研究院在经过 20 年的运作之后才正式建立了院士制度。这是中国院士制度创立的重要标志。1949 年成立的中国科学院取代原中央研究院,成为国家最高科学研究机构,原中央研究院的院士制度在大陆也就随之废弃。1955 年,中国科学院建立了学部制度,有 4 个学部共 233 名学部委员。1993 年 10 月,经国务院批准,中国科学院学部委员改称中国科学院院士。而在 1977 年 5 月,由中国科学院哲学社会科学学部组建的中国社会科学院,在 2006 年继承中国科学院的学部委员制度,再次选举了学部委员。1994 年 6 月成立的中国工程院,则是我国工程技术界最高的荣誉性、咨询性学术机构,它本身就是由院士组成的。目前,中国科学院、中国工程院两院院士和中国社会科学院的学部委员,构成了当今中国院士制度的具体形态,同时也见证了院士制度在中国所经历的曲折而独特的重建历程。

今天,院士制度在世界范围内已经成为引领人类文明进步的重要力量,已经是自然科学、工程技术和哲学社会科学乃至文学艺术的创造中最为杰出的人才群体,是一个国家科学探索、智慧发展和人才培养的能力与水平的具体表现。然而,由于学术研究自身所具有的高度的专业性,以及高端人才的稀缺性,对于普通群众来说,院士制度和院士群体还是显得比较陌生,跟大众的日常生活似乎有着较大的距离,社会上更多的是以高山仰止的心态来看待院士制度和院士群体。正是这种阳春白雪现象的存在,使得人们对院士制度和院士群体的了解,跟它所承担的历史使命以及所发挥的社会作用相比较,还是很不相称的。

在人文社会科学领域,对于院士制度和院士群体的研究,这些年已经引起一些学者的关注,对于院士制度的研究和讨论也开始得到社会的重视,有不少从事科技哲学、科技文化、科技管理以及国家发展战略研究的学者,开始对中国院士制度的形成历史、时代影响、运作模式、存在问题与改革方向,进行较为深入的研究,为我国院士制度的完善和发展提出了很多有益的看法,发表了一些中肯的意见和建议。同时,对于院士个体的成长过程、专业造诣、学术成就、社会作用和人文情怀,都有不少的介绍和评述。高等院校和相关科研机构也出现了一批研究院士问题的硕士、博士学位论文,有的论文尤其是一些博士论文,通过对中国院士制度形成的历史考察,中国特殊的国情如政治生态、经济发展、科研实力、舆论环境的实际情况,对于院士制度的建设、发展与完善所产生的具体作用的分析,对不同历史时期遴选院士的方法的回顾总结,对中外院士制度和运作模式的比较研究,都在考证事实的基础上,在历史与逻辑相统一的原则指导下,对相关问题的经验教训进行了认真总结和理论阐释。这些研究对于中国院士制度更好地适应国家现代化建设的需要,更好地满足人民群众对于进一步提高物质文化和精神文化的迫切要求,都会产生十分积极的意义,都应该得到相关部门的高度重视。这几年来,学术刊物发表的有关院士的研究文章,正在出现逐年增加的势头,这一现象令人欢欣鼓舞并且值得充分肯定。

大众传媒在这方面也做了更多的工作,主要包括以下两个方面:

一方面侧重于对院士遴选的规则分析评论及有关问题的批评,尤其是在增选两院院士的过程中,就会有较多的新闻报道关注此事,论者会对当下中国的院士制度,具体会涉及院士的社会地位、他们所掌控的学术资源及各种待遇,还会对院士遴选过程中存在的某些不科学、不合理的现象进行论辩,还有一些直接对某些不择手段想挤进院士行列的投机分子予以揭露与抨击,把这类虽然极为个别,但却造成了一灶老鼠屎坏了一锅粥的麻烦制造者们违法乱纪的恶行丑态,如学术上的弄虚作假,申报过程中的行贿舞弊,更为恶劣下流的甚至雇用打手威胁乃至对反对者施暴等不法行径公之于众。大众传媒在这方面所做的工作，虽然也有一些揭露和批评有吸引受众眼球之嫌，但大多数都是从实际情况出发揭露存在的问题、提出改进意见的角度来关注院士制度的，这样的做法只要建立在实事求是的基础之上，应该说对于中国院士遴选方法的优化和院士制度的进一步完善，都是具有一定的促进作用的。

大众传媒对于院士制度和院士群体的关注，另一方面主要表现在对两院院士的模范事迹的正面报道，对他们的学术造诣、研究成就、优秀品质和人格魅力的宣扬与表彰，尤其是院士们在高新科技领域做出的贡献的热情宣传。这些宣传报道充分肯定了院士们在创新道路上所经历过的艰苦卓绝的奋斗历程，褒扬了他们所取得的重大成就都来自艰难困苦，玉汝于成的不懈探索，揭示了他们的贡献对于国家现代化建设和民族伟大复兴是重要的动力与根本的保证。大众传媒在这方面的工作，为全社会创新精神的培养、奋斗意志的鼓励和科学知识的普及，弘扬了榜样的引领作用。同时，在某种意义上说，这些新闻报道也在一定意义上满足了广大受众关注名人的好奇心，也会促进社会对院士群体的了解，有助于扩大院士的社会影响，从而提升社会的科学知识水平，更好地发挥科学技术第一生产力的历史作用，用更强有力的知识和智慧去支持中国的社会主义现代化建设。大众传媒对于院士的学术研究、科技创新和奉献社会的积极关注，还有助于进一步促进我们国家更好地形成及优化尊重知识、尊重人才、尊重创新的社会风气和时代氛围。

但是我们也应该看到，对于院士制度和院士群体的关注的广度与深度还不能很好地反映院士们所做出的贡献，也跟我国现代化建设和实现民族伟大复兴的"中国梦"存在着较大的差距。出现这一情况的原因很多，但主要表现在以下几点：首先，虽然院士都是名人，但由于某些院士所从事的学术研究尤其是基础理论方面的研究，可能跟民众现实生活暂时还没有发生较为直接的联系，不少基础研究要在相当一段时间之后才会在社会发展和人们的日常生活中显示出重要的作用，因此，这就成为媒体和群众对他们的工作及所做出的贡献关注不够的客观原因。其次，由于有些院士所从事的高新科技方面的研究和开发，涉及国防建设等原因需要严格保密，在一个严格规定的时间范围里，这些院士的研究开发工作乃至普通的社会活动，就很少甚至根本不能在大众传媒中曝光。再次，有一些院士严于律己，行事低调，不愿接受媒体的采访，最有代表性的就是钱锺书先生，他生前担任中国社会科学院副院长，既是名扬天下的大作家,又是著作等身的大学者,但是他一概拒绝媒体和他人的采访。他用那句富有钱氏幽默的名言,风趣而又委婉地谢绝登门造访的来客:"假如你吃个鸡蛋觉得味道不错,又何必认识那只下蛋的母鸡呢?"这样的高风亮节对于大师个人来说,确实是一种伟大的谦虚,尤其是在多少人为了名利打破头、劈开脑的当今社会,更是值得我们由衷的钦佩。但是,这对于人民群众更全面、更充分、更深入地了解院士的奋斗经历和取得的巨大成就,也就带来了很大的损失。

此外,对于院士制度和院士群体的关注,在深度上同样存在着很多不足。这主要表现在虽然已经有一些学者对相关问题进行了研究,发表了具有一定学术价值的论文,但是,目前的研究主要还是着重于史实的回顾与整理,以及解决实际问题的思考和见解。有些论文对院士制度的完善、院士遴选方法的改进提出了自己的建议;有些论文则侧重于院士群体的细分研究,从性别、籍贯、年龄、留学情况、学科分布以及获得奖励表彰等方面对院士群体进行类型学的研究。这样的工作是很有意义的,它把人们对于院士制度和院士群体的关注,从社会观察的层面提升到学术研究的高度,既促进了对于院士制度的理性思考和科学关注,又通过学术研究的渠道阐释了院士制度的社会意义,概括了院士群体重大的社会贡献和崇高的人格力量。但是,由于院士制度在专业上所特有的高端性,院士群体在普通人中间无形之中形成的高山仰止的敬仰心理,现有的研究还缺乏足够的学术深度,还未能系统深入地阐发院士制度的本质特征,也没有从院士群体在思想探索、科技发明和文化创新领域所表现出来的先驱作用,去探讨作为人类先进文化代表的院士群体的文化内涵、历史功绩和特殊使命。也就是说,在院士制度和院士群体的学术研究方面,还有很多问题有待于开展更为深入的探讨。

因此,如何在先哲和时贤已经取得的研究成果的基础上,更加深入地开展对院士问题的研究,尤其需要从人类学、文化学、社会学等学术路径着手,拓宽我们的视野,激发我们的思维。本人认为可以从文化学的角度切入,认真探讨作为文化现象的院士制度所包含的哲学、史学和人学的丰富内涵与生动意蕴。这样就能打破广大群众对院士制度的某种神秘感觉,能更充分地展示院士群体在科学技术、思想创新和文艺创造中的杰出贡献,而且能够进一步深化整个社会对科学技术是第一生产力的理解,提高处于改革开放进程中的中国人的创新创优的积极性,更自觉地落实科学发展观,为实现中华民族伟大复兴的

"中国梦"提供榜样的力量和高端文化的引导。

从文化学的角度切入对院士问题的研究,能够从以下几个方面创造较为有利的条件:首先,这样的研究能够通过对院士制度的文化内涵的考察和阐释,在总结中外院士制度演变历程的基础上,更加深刻地阐述院士制度对于促进科技发达、艺术繁荣和思想创新所起到的实际作用,更加准确地把握院士文化的深邃的本质特征,使全社会对于院士制度和院士群体的认识提高到一个更富有理性精神的层次;其次,通过文化类型学的分析,对院士文化的本质特征、运行模式、结构要素和发展态势,进行系统的哲理分析和意义阐释,为院士制度的完善和发展提供必要的理论依据,并且通过研究的不断深入,力求探寻院士制度科学运行的某些带有规律性的东西,这样就能发挥理论对于实践的指导作用,使我国的院士制度建设走上更为自觉的道路;再次,从文化学的高度对院士问题的现状进行充分的讨论,通过对不同国家、不同文化背景及不同发展水平的院士文化的比较分析,努力发现中国院士制度建设过程中尚未解决的问题,从政治经济、观念文化、社会习俗和发展道路的多种角度,探索完善院士制度的相关措施,为中国的院士制度的健康发展提供理论支持和思想方法,促进中国院士制度和院士群体进一步为全面深入改革开放做出新的历史贡献。

本书希望通过对自由自觉的创造这一人类本质特征的阐发,探讨院士制度是怎样在积极主动地适应人类社会创造活动的历史要求的基础上应运而生的,杰出的科学家、发明家、思想家、艺术家和成就卓越的大学者,是如何通过院士制度和院士这一光芒四射的荣誉而获得社会的重视与褒奖;希望通过对中外院士制度历史发展的系统考察,力求从文化哲学的高度阐释院士制度的人文内涵、历史地位和社会意义,同时努力阐释院士制度作为制度文化的顶层设计作用于人类社会的创新活动,而以精英文化的存在方式,特别是以院士个体用自己的知识、智慧、意志、胆魄和技艺,在思想、科技和文艺等各个领域所发挥的先锋作用,以及由此产生的榜样的力量,为人类社会的进步提供的强大动力;在这些较为宏观的阐述与分析的基础上,再从矛盾的一般性回到矛盾的特殊性,对中国院士制度建设的艰难历程和独特结构进行扼要的历史回顾与构成分析,重点讨论当今中国院士制度在神圣化与世俗化的张力中前行所遇到的问题以及解决这些问题的方法,为院士群体在当今中国经济社会和文化发展的历史任务中,如何为实现中华民族伟大复兴的"中国梦",进一步发挥更加巨大的历史作用,提出一些自己的见解。同时,本书的研究和写作,还包含着这样一个愿望:通过对院士制度的文化研究,希望能够提出一些有关院士文化的基本概念和基本观点,初步建构院士文化学这样一门文化类型学科新的分支,充实并完善人类社会对院士制度这样重要的文化现象的理解,把院士研究从目前的科技哲学、自然辩证法和科技史等学科中的分散状态中整合起来,逐步形成一门新的学科门类,以便更加准确、系统、深入把握院士制度和院士群体的本质特征,使院士研究能够和学科建设结合起来,促使它在学术研究的范畴中勇敢前行,在更多的有心人的热情关注和深入研究的基础上形成较为系统的理论范畴与知识结构,逐步成为一门新的学科。

目　录

第一章
人的本质与人类文明的发展

　　探讨院士制度与院士群体,可以从各种不同的角度切入,但无论是从社会发展到特定阶段所产生的制度文化的创新,还是院士群体所具有的精英特质对社会进步所起的历史作用,抑或是院士在探索客观世界的艰苦努力中表现出来的聪明智慧、坚强意志和创新自觉,都离不开"创造"这一根本问题。因此,首先对人类的创造活动加以必要的阐释,也就是顺理成章的事了。

一、自由自觉的创造与人的本质

　　人类社会为不断满足改善生活水平、提高生活质量的需要,总是在积极地探索未知世界,通过科学研究、技术创新等手段努力把握更多的客观规律,并且在积极驾驭这些客观规律的基础上,开展更为有效的生产实践。而科学院和院士制度的创建,则在运用制度自觉的过程中,进一步鼓励了优秀分子卓越的创造力,更有效地推动了探索未知世界的伟大实践。院士制度以及由此产生的院士群体对于文明的进步来说,最根本的意义就在于主动适应新的历史条件,把作为人的类本质的创造活动的认识与实践,提高到一个崭新的高度并加以不断的深入和持久的拓展。因此,我们完全有理由认为:院士制度的出现绝不是偶然的,而是产业革命及其催生的科技革命对当时的科学研究提出的历史要求,是人们的思想意识对社会存在的客观要求所做出的必要的、及时的而又是非常正确的反映,因而是一项具有里程碑意义的重要措施。因此,我们在讨论院士文化的过程中,首先对人类的创造活动的特性、内涵与意义加以阐释,也就显得很有必要了。

1.生物人类学哲学对于创造活动的理解

人类为什么能够从事创造活动？这种能力是从哪里来的呢？是像某些神话中所说的那样是上帝的恩赐，还是由某些具有特异本事的英雄、超人传授给普通百姓的？答案当然都不是。人类的创造力是从人与自然环境的相互关系的历史演变中逐渐形成的。正是由于动物在长期的进化过程中，在量变转化为质变的飞跃中，出现了一种根本性又是否定性的变化，这就是人不再像其他动物那样完全臣服于自然，而是从自然环境的束缚中挣脱出来，就和自然界形成了一种被称为"非特定化"的关系，这样才使人类获得了改造自然的自由，人也就在这样的历史环节中成为真正意义上的人。这一"非特定化"的概念是德国学者阿诺尔德·格伦（Arnold Gehlen，1904—1976）提出来的，他通过对人与动物在自然界所处的不同地位的比较得出这样的结论。格伦认为：人与动物的根本区别就在于动物与环境的关系是"特定化（specialization）"的，而人与自然环境处于一种"非特定化（unspecialization）"的关系。[①] 所谓"特定化"，是指动物与环境的关系被大自然规定得死死的，无论是生存习性还是在食物链中的位置，都是固定的。也就是说，动物的生存只能凭借自然界提供给它的极为有限的本能，它的各种器官只能适应每一种特定的生存条件的要求，生命的机能与环境的特性是紧紧地胶合在一起的。

动物仅仅依赖自然界所提供的现成的材料就能维持生命，它把自身跟外在生存条件紧密地对应起来，彼此直接契合、固定在一起，并由此形成了这样一种生存特点，即特定的器官及生存习性只能适合于某种特定的外在条件。而当这种条件发生变化时，与此直接相关的动物就会无所适从，不是产生某种畸变就是被自然所淘汰。例如，憨态可掬、令人喜爱的大熊猫，它的牙齿和肠胃就像是专门为吃冷箭竹这样的食物所特制的，生长在山林中的大熊猫只适合吃这种竹子。20世纪80年代秦巴山脉的冷箭竹衰败枯竭，大熊猫没有办法改变自己的食性转而食用其他植物去维持生存，更不用说用吃小动物的方式来维持生命所需的能量。如果没有人类（主要是把它奉为国宝的中国人）经过全民动员募捐集资筹措经费，从其他地方运去竹子投放到熊猫的活动区域去救助它们的话，好多大熊猫就只能眼睁睁地饿死了。当时的红歌星程琳所唱《熊猫咪咪》就是对这一事件的真实描述："竹子开花罗喂，咪咪躺在妈妈

---

① 参见欧阳光伟《现代哲学人类学》，辽宁人民出版社1986年版，第59—73页。

的怀里数星星。星星呀星星多美丽,明天的早餐在哪里? 咪咪呀咪咪请你相信,我们没有忘记,高高的月儿天上挂,明天的早餐在我心底。请让我来帮助你,就像帮助我自己;请让我去关心你,就像关心我们自己。这世界会变得更美丽!"可见,动物只能依赖大自然所提供的现成材料来维持生命,它只能被动地适应特定的外在条件。

跟动物这种对于外界特定的生存条件的高度依赖、完全被动的情形相反,人类早在人猿相揖别的上古时代就开始了改造环境的活动,尽管当时的创造力还十分幼稚,生产力水平还非常低下,但人已经不再完全依赖自然界某些特定的对象,不愿再简单使用自然界提供的现成条件来生活,而开始尝试着把周围各种资源改造为适合人的生存需要的条件。正是由于大自然没有给人安排一个现成的生存环境,人类只能生存在一种"匮乏性"的条件中。人类缺乏很多动物所具有的各种本能:很多动物生下来跌跌撞撞尝试几步,一会儿就会走路了;还有好多动物像牛、羊、狗,很多有用的本事是与生俱来的,生下来没有几天的小牛、小羊,把它放到水中,就会无师自通地游起来。而人类学会游泳却要花很多精力,请老师教,跟同伴练,没有十天半月一般是学不会的。不少人尤其是生活在干旱山区和戈壁沙漠地带的人们,由于条件的限制,一辈子都没有学会游泳。但是,人类这种"匮乏性生存"并非出于大自然的苛刻,实际上反而显示了大自然对人的恩宠——由于进化过程中抛弃了遗传本能所提供的所有天生的本领,却在这种根本性的否定之中获得了一种超越一般本能的特质,这就是人类所具有的学习的本能。从"匮乏性"生存的角度看来,人的身体在许多方面跟动物的机能不能相比,但人却可以把大自然各种各样的事物作为学习的对象,特别是运用各种工具使之具有超凡的本领与能力:人生下来不能游水,却可以通过学习掌握游泳的能力,而且可以通过船舶的制造,在海洋上游弋,在深水中潜行;人不能像鸟儿那样在天空中展翅高飞,却可以乘坐自己建造的飞机、火箭遨游蓝天和太空。正因为人与自然处于"非特定化"的关系之中,人类必然要把建造安全舒适的生活环境作为一种自觉的追求。从简单地利用大自然各种现成的场所如巨大的树杈、天然的岩洞作为避风躲雨和防止外来袭击的屏障,逐步发展到运用树干、石块搭建原始的房屋,并且学会了用人工合成的砖瓦、混凝土,以及钢材、玻璃及各种有较高科技含量的建筑材料来建造房屋、修筑道路、架设桥梁,人类最终为自己建造了更加舒适、便利、美观的生活空间,还进一步把这种聚居的空间建造成为能够从事较大规模的生产劳动、商品交易、政治活动和文化享受的新颖的聚居形式——城市。更重要的是人类在工具制造和使用方面的日新月异的进步,充分显示了人的本质力量的伟大:从上古时代只能依赖面对面交谈的口语到今天的电脑、互联网和智能手机,从最简单的石斧、石铲到移山填海的挖掘机、推土机乃至可以建造房子的 3D 打印机,从依赖感觉器官的生理机能的有限感知到今天电视、网络视频的现场直播,让人们直接看到发生在地球各个角落的文艺演出、体育比赛、政治活动及灾难救助,还可以通过卫星信号传输和太空站进行视频对话;智能手机的问世使千里眼、顺风耳已经从远古的神话,成为普通人就能享受的信息获取和人际交流的工具。就这样,运用自己的聪明智慧、想象联想和双手的精湛技艺,创造活动使人类从原始的生活状态走向一个灿烂辉煌的"人造世界",这是人的解放的历史内容,也是进一步发展的起点,而贯穿这一过程的就是以人与自然"非特定化"关系为基本前提的改造自然的社会实践。这就是说,人类只能通过自己的创造性劳动来改变外在条件,为自己建造一个能够较好地生存发展的条件。正如恩格斯所指出的:"动物仅仅利用外部自然界,单纯以自己的存在来使自然界改变;而人则通过他所作出的改变来使自然界为自己的目的服务,来支配自然界。"①这就是人与自然"非特定化"关系的基本内涵。

马克思进一步指出,"人类的特性恰恰就是自由的自觉的活动"②,这是对人的创造性活动的高度概括,是对人的生命活动的自觉性、开放性的深刻揭示。这就是说,人不是消极地利用大自然馈赠的现成条件,而是通过不断的探索,在把握自然规律的基础上,积极利用客观世界的各种资源,精心营造力求完美舒适的生活环境。这些巨大的变化一方面显示了人类改造外在世界的能力正在变得越来越大,即人把整个大自然作为自己的资源,用来营造更便利、更美好的生存条件;另一方面,正是由于人类在与自然界的交往中开始获得了越来越多的自由,他能够拥抱整个世界,这一成就既是群体生命的可持续性发展的重要保证,又为生命个体的手巧心灵和身体机能的协调发展创造了条件。

更深层次的问题还在于人的欲望与平等享受文明成果的矛盾冲突对于创造所产生的巨大的推动作用。所谓人的欲望,这是一个十分复杂而深刻的问题,说得简单一点,绝大多数人都希望过上更加舒适便利的美好生活,有更多

---

① 恩格斯:《自然辩证法》,《马克思恩格斯选集》(第 3 卷),人民出版社 1972 年版,第 17 页。
② 马克思:《1844 年经济学哲学手稿》,人民出版社 1985 年版,第 53—54 页。

的机会去实现自己的人生价值,而创造恰好能够满足人们的这种要求,尽管这种要求的实现未必像人们所期望的那样顺利,那样简单。但是,对于每一个对个人、家庭和社会的未来发展充满着美好憧憬的人来说,欲望总是行动的驱动力。正是由于人类不再像动物那样以自然界安排好的现成的生存方式活着,而是要充分运用由人与自然的"非特定化"关系所带来的自由,并努力为自己创造尽可能完美的生存条件,人的欲望才能对社会实践产生实际的根本性的推动作用。黑格尔在论述市民社会存在和发展的原因时,把人的欲望需要看作是最初的动力,是社会第一个重要环节,并且正是人们这种无限的欲望推动着社会向前发展。然而,黑格尔毕竟是辩证法大师,他在充分肯定欲望的作用的同时,又深刻地指出,动物有它的本能和满足的手段,但"这些手段是有限度而不能越出的"①。人则不然,"英国人所谓 comfortable(舒适的)是某种完全无穷无尽的和无限度前进的东西,因为每次舒适又重新表明它的不舒适,然而这些发现是没有穷尽的",并且"会无止境地引起新的欲望"。② 可见,欲望对于人来说就是一双穿上以后让你无法停止舞蹈的红舞鞋,正是这种主观欲望所具有的无限性的特点,使人类在现实生活中总是感觉到具有创造性的生活要比墨守成规的生存更有意义,总是想尽办法使自己的生活具有更多的创造的色彩。确实,一切新的发明都为人类提供了更舒适、更便利、更完美的生产生活条件,不同程度地满足了人们向往过上更加美好生活的欲望,而这些以人的创造力在现实生活中的实现为具体标志的新的发明成果,都是与人类无穷尽的欲望在得到相对满足之后产生的成就感相联系的,而欲望所具有的永无止境的特点,也就显示了人从自然界获得的自由度的广阔性,而这恰恰是人类具有无穷无尽的创造力的生物人类学基础。

正是从这个意义上说,人的创造力是无限的。但是,这种无限则是指人的本质力量具有永恒发展的可能,而在历史进程的现实性上来说,人的创造力必然要受到具体条件的限制,任何绚丽辉煌的想象、奇异美妙的欲望,都是在前人遗留下来社会现实的基础上产生的,都只能从已有的社会现实的规定性出发;而这些欲望需要通过想象、梦想以及幻想的形式表现出来,或者说欲望的最初形式总是表现为人们的想象、梦想与幻想,都是人类精神生产的成果。而

---

① 黑格尔:《法哲学原理》,商务印书馆 1996 年版,第 206 页。
② 黑格尔:《法哲学原理》,商务印书馆 1996 年版,第 206 页。

欲望和想象的真正实现，又都必须经过坚持不懈的社会实践，通过人们对自然界、对社会、对人自身的生理和心理机能的不断探索和开发，运用自己的智慧深入钻研各种事物，在努力把握客观规律的前提下，在新的广度和深度上更有效、更便利、更自由地运用自然界提供的材料，建造出越来越新颖的生产工具、生活用具，并且由此优化生活方式，使人类的生活质量获得不断提高，而人类自身也就在这样的创造活动中不断地提升自己的本质力量，在创造性实践的具体展开的进程中有效地促成人自身的发展。

2. 创造活动所具有的自由自觉特性

作为人类本质的创造活动为什么会具有自由自觉的特性呢？人类如何深刻地把握这种特性，以便使自己的创造活动获得更大的成功呢？我们可以通过对于马克思有关创造和自由的内在联系来加深对这一问题的理解。马克思在《资本论》一书中，从人与动物的根本区别出发，探讨了作为人的创造活动的基本前提，或者说从人的本质特性的高度深刻阐释了人类社会实践最为重要的特性。马克思说：

> 最蹩脚的建筑师从一开始就比最灵巧的蜜蜂高明的地方，是他在用蜂蜡建筑蜂房以前，已经在自己的头脑里把它建成了。劳动过程结束时得到的结果，在这个过程开始时就已经在劳动者的想象中存在着，即已经观念地存在着。①

人类是在摆脱了动物那种受制于自然界给予的只能凭本能生存的桎梏之后，才不再受周围环境的直接与严格的控制，不再像动物那样，完全按照自然界预先设定的生存方式完成自己的生命历程。动物的生命总是一代又一代地重复着同样的过程，它们某些本能性的机体功能可能超过人的能力，但这种本能只是简单地服从自然界的安排，既无法得到发展，也不可能成为整体能力上升的基础。马克思曾经对动物跟人的生命活动进行过对比，他说：

> 动物和它的生命活动是直接同一的。动物不把自己同自己的生命活动区别开来。它就是这种生命活动。人则使自己的生命活动本身变成自己的意志和意识的对象。②

---

① 马克思：《资本论》，人民出版社1985年版，第55页。
② 《马克思恩格斯全集》（第42卷），人民出版社1979年版，第96页。

　　马克思以自己的睿智对人类的社会实践的本质特征进行了天才的阐发，他以人类活动的自觉性为切入点，揭示了人的劳动的自觉性跟动物活动的本能性之间的本质差异，这种自觉性就建立在人类挣脱了自然环境的完全控制获得的自由的基础之上，它是世界历史发展的全部成果凝结而成的，他进一步指出："人的感觉、感觉的人性，都只是由于它的对象的存在，由于人化的自然界，才产生出来的。五官感觉的形成是以往全部世界历史的产物。"①只有获得了这样的自由，人们才能够用自己的智慧在头脑里预先形成劳动成果的蓝图。因此，在这里实践活动自由和自觉之间也就成为一体两面的关系：从自然界获得的自由为生命的自觉展开创造了最基本的条件，而自觉的活动因为具有创造的特性，才能使生命活动的自由在新的广度和深度获得发展，自由自觉的活动也就成为人的本质力量的根本，成为人类创造活动的历史基因和生命内涵。自由自觉的活动就是在否定了动物那种本能性生存的基础上，为创造性劳动的全面展开打通了道路。在这样的创造性劳动中，首先是人类从完全臣服于自然界的特定化生存中走向相对独立，并且能够运用自己的智慧、技艺和力量，把客观世界作为对象加以观察、探究和改造。其次，正是通过自由自觉的创造活动，人类开始掌握了生活的主动性，能够通过能动的意识和艰苦的实践，在有意识地改造自然、改造社会的同时，使人自身的本质力量发生了与时俱进的巨大提升。上古时代人和灵长类动物之间在生存能力上并没有绝对的差异，而今天的人类跟动物相比，可以说已经有了天壤之别。再次，有意识的创造活动使人类社会发生着日新月异的变化，正像清代诗人赵翼的诗句所表达的那样，"江山代有才人出，各领风骚数百年"，每一代人都有这一代人特有的生活，生生不息的创造使人类社会在永恒的发展中每天都在书写着崭新的历史。因此，作为杰出人士的院士群体，都是敢于打破被那些暂时的"特定化"所束缚的现实，敢于在那些成规积习中闯出一条新路，又能够自觉领悟并主动适应时代要求的先驱。

　　人类创造活动具有自由自觉的特征，还包含着更深一层的含义。这里的"自由"应该具有认识论和实践论的意义，就是说人类的创造活动既不是完全凭着主观意志的天马行空般的冲动，也不是受外在神秘力量支配的非自觉的盲动，而是在以好奇心为表现形式的探究本能驱使下，在提高生活质量的人生

---

①　马克思：《1844 年经济学哲学手稿》，人民出版社 1985 年版，第 55 页。

欲望的诱导下,在越来越广泛地接触外部世界的过程中,通过细心的观察、反复的实验、深入的认识,逐步把握客观事物的基本特征,并进一步掌握它的深层本质,在深刻认识个别事物的基础上,积极关注不同事物之间的相互影响、相互作用及其内在联系,由此实现把握客观世界规律性的目的。马克思说:"动物只是按照它所属的那个种的尺度和需要来建造,而人懂得按照任何一个种的尺度来进行生产,并且懂得怎样处处都把内在的尺度运用到对象上去;因此,人也按照美的规律来建造。"①这就是说,动物的活动只能在自然界给予它的本能性基础上展开,而人却能够超越这样的限制,通过对"任何一个种的尺度"的把握进行建造活动。这里所说的"尺度",其实就是指规律,只有根据客观事物的"种的尺度",生产活动才显示出真正的自由;而"内在的尺度",就是指人对实践活动提出的自觉的要求,是人们在各种活动开始之前对活动成果的预设。这样,人类社会实践就能够在合规律性和合目的性相互磨合的过程中取得成功。正是通过这种由表及里、由浅入深、由此及彼、循环往复的不断探究、不断实践,人类掌握客观世界的范围越来越广,层次越来越深,形成了系统性的知识积累,对于外在世界也就逐步从技术加工的层面,不断提升到把握事物内在规律的高度,科学的知识体系终于从实用技术的范畴脱颖而出,而那些具有相对真理性质的基础理论研究成果,反过来又为创造发明奠定了理性认识的基础。

随着历史的进步,人类社会实践开始从一个又一个的必然王国走向自由王国——在驾驭客观规律的基础上获得了越来越多的改造外在世界的自由。正是在这样的历史进程中,人类通过这样的探究客观世界的本质特征,不断深入把握事物内在规律以寻求自由的过程中,总是利用已经掌握的客观规律,进一步展开更为积极、更加深入的社会实践活动。在这里,合规律性就成为自由自觉的创造活动的基础,这种自由又是社会实践要想取得最终成功的根本保证。因此,人们对于事物的规律性的把握的水平,也就确证了人类在改造客观世界的社会实践中所获得的自由。由此可见,所有成功的创造活动都具有以下两个特点,或者说所有具有重大社会意义的活动都是由于较好地把握了这两个原则才取得了预想的成功:

一、认识并且利用客观规律展开社会实践,这一过程具有非常突出的主客

---

① 马克思:《1844年经济学哲学手稿》,人民出版社1985年版,第53—54页。

观统一的特征。在社会实践的具体过程中,人的主观意志必须服从外在世界的客观规律,任何社会实践活动,都必定会受到客观规律的支配,主观意志只有首先遵循事物自身规律性的内在规定性,才能取得真正的成功,才能使人的主观愿望成为对象化的现实。这种自由与必然之间的相反相成的关系,表现出来的是那种戴着镣铐跳舞的艰难与无奈,任何随心所欲的简单,心想事成的轻松,往往会造成成事不足败事有余的后果,有时甚至会给社会带来巨大的灾难性后果。可见,不管是处于何种时代的人们,在开展实践活动过程中的自由度确实是受到一定限制的。能够在科学研究和其他领域取得创造性成果进而成为院士的创新者,都是通过对客观规律的艰苦探索,并且善于驾驭事物客观规律的高手。

二、任何实践活动要想获得成功,除了深刻把握合规律性这一最根本的要求之外,还高度关注争取各种相关的条件的配合。这就是说,在认识论层面获得的合规律性成果,要想把它变成实践论层面的成果,还必须具备各种客观条件。有时对于事物的本质特征的把握虽然已经达到了较高的水平,但由于实践主体缺乏必要的力量,或者在具体的实践过程中运用的方法不够科学,都会导致实践活动的失败,这样的事例在古今中外历史上可以说比比皆是。正像恩格斯所指出的,"历史的必然要求和这个要求的实际上不可能实现之间的悲剧性冲突"①,就是这种严重失败所造成的矛盾、痛苦与悲剧性的灾难。因此,自由的真正掌握,除了认识论上应该达到合规律性的自由之外,还需要具备完成创造性活动所必需的其他条件。当然,主体对于实践成果的观念性的设定,也还存在着出现某种偏差的可能性:有时提出的目标过高过急,违背了自身的实际能力;有时会把一个原本合理的目标放在一个不恰当的时间来实现,忽视了时机对实践活动的制约性。这类盲目性的做法都表现着"从心所欲"的出发点,却因脱离了实际情况的客观规定性而造成"逾规"的事实,其结果都要受到规律的惩罚。这就告诉我们,要在各种创造性活动中取得成就,不但要有卓越超群的智慧、百折不挠的意志和苦战奋斗的力量,还要有高屋建瓴的远人眼光和运筹帷幄的综合能力。其实,这也是院士们能够成为出类拔萃的佼佼者的又一个因素。

可见,在创造活动中要求的"合规律性"的自由,如果没有合理、合适的"合

---

① 恩格斯:《致费·拉萨尔》,《马克思恩格斯选集》(第4卷),人民出版社1995年版,第560页。

目的性"的要求和愿望,即没有对实践成果在科学认识的基础上形成真正的"自觉",那就是虚无缥缈的幻想。即使抱着十分善良的动机,提出非常美好的目标,最终的结果必然会在客观事物面前碰壁,并且还会使实践主体遭受严重灾难。这类所谓好心肠办坏事的事例,在人类社会实践活动中也曾经相当普遍地出现过:大到几十万、几百万人你死我活的拼杀所造成的残酷的战争,或者是举国动员然而却给社会造成浩劫的群众运动,小到个人发展中希望达到的人生目标,一次预定赢利的商业活动,或者是对个人发展具有决定意义的工作岗位的变换,都会由于提出的目标的不合适、不合理及不合时而失败。由此可见,对于"自由自觉"的创造活动所包含的"合规律性"的自由和"合目的性"的自觉的辩证统一的深刻认识,充分体现了创造活动在认识论和实践论的高度所蕴含的真理,达到这样的自由自觉的境界,人类的创造活动才能真正顺利地进行,才能使一批有远见卓识的大家荣膺院士这样的桂冠。

每一个人都是在具体的社会范畴内展开自己的创造性活动的,而特定历史时期、社会制度、经济水平及其相关联的意识形态所形成的社会环境,以及作为创造主体的个人或者群体所处的社会地位、经济实力乃至人际关系,都会对他的创造活动产生不同的作用。如果有一个较为宽松、宽容的政治法律制度,就必然会对创造活动的展开提供一定的保障,允许个人享有充分发表意见的自由,这样的社会环境就会有力推动创造活动的开展。无论是基础理论的研究、科学实验的深入、学术流派的形成、技术工艺的革新和艺术创作的繁荣,都需要这一社会的上层建筑、意识形态乃至习俗风气的优化,当"百花齐放、百家争鸣"的政策得到真正落实的时候,创造性活动就会在一个相对优越的社会环境中蓬勃开展。

就是由于创造活动都是在特定的历史条件的规定下展开的,所以社会制度尤其是政治法律制度提供的现实的思想自由和言论自由的条件,对于个体头脑中思维的活跃必然会产生重要的影响,也会通过社会环境对个人发表不同意见的制约表现出来,特定社会制度总是通过它的上层建筑和意识形态表现着对个体的思想、言论与行为的引导、规范及控制。具体的社会规范、政法制度甚至道德导向对于个人的思想和言论自由的规定,则是从社会现实的层面决定着人们创造活动的可能性与现实性。只有较为进步的社会制度为人们提供了想象和幻想的广阔天地,人们的思想才可以自由自在地展开;只有人们敢于大胆发表自己的意见尤其是发表跟权威的结论与世俗的成见有所不同的新看法,广大民众才有可能表现出意气风发、热情昂扬、敢想敢说、生动活泼的精神状态,从而为创造性活动的充分活跃提供根本保障。马克思对于社会如何保障人民群众精神、思想和言论的自由,有过很多深刻的论述,他在《评普鲁士最近的书报检查令》一文中,以辛辣尖锐的笔调、无所畏惧的勇气和哲学家的智慧,对普鲁士反动政客推出的书报检查令的狂妄和虚伪进行了严厉的批判和谴责:

> 你们赞美大自然令人赏心悦目的千姿百态和无穷无尽的丰富宝藏,你们并不要求玫瑰花散发出和紫罗兰一样的芳香,但你们为什么却要求世界上最丰富的东西——精神只能有一种存在形式呢?我是一个幽默的人,可是法律却命令我用严肃的笔调。我是一个豪放不羁的人,可是法律却指定我用谦逊的风格。一片灰色就是这种自由所许可的唯一色彩。每一滴露水在太阳的照耀下都闪现着无穷无尽的色彩。但是精神的太阳,无论它照耀着多少个体,无论它照耀什么事物,却只准产生一种色彩,就是官方的色彩!精神的最主要形式是欢乐、光明,但你们却要使阴暗成为精神的唯一合适的表现;精神只准穿着黑色的衣服,可是花丛中却没有一枝黑色的花朵。精神的实质始终就是真理本身,而你们要把什么东西变成精神的实质呢?[①]

马克思在这里明确指出了精神作为世界上最丰富的东西,同样有着千姿百态的存在形式,而运用强权野蛮地发布书报检查令,其实质就是扼杀思想和言论的自由,而这种粗暴的做法,完全违背了从大自然到人类社会的本质特征,同样也完全违背了精神自身的内容实质和存在形式。对于强权政治虚弱的本质及其色厉内荏的倒行逆施的罪恶行径,马克思不是停留在一般的道义和政治上的批判,而是从自然界和人类生活的普遍性和深刻性出发,明确宣示了精神和思想的自由具有天经地义的正当性,给反动政客以当头棒喝。

从自然和人的本质特征出发,马克思的批判具有天经地义的理论品格和深邃久远的历史意义,这不是笔者随便拈来一个具有形容词功能的成语作信口开河的评价,而是认为这一揭露与批判确实包含着十分丰富和深刻的思想内涵。首先,马克思把自然界异彩纷呈的丰富性、多样性和人的精神形态进行

---

① 马克思:《评普鲁士最近的书报检查令》,《马克思恩格斯全集》(第1卷),人民出版社1956年版,第7页。

类比,实际上就已经明确揭示了大千世界和人的精神生活之间的内在联系。从发生学的角度来看,人的精神生活之所以具有无比广阔的自由空间,就是因为人类现实发展的水平就是以往全部世界史的总和,是世界在发展演变的漫长过程中产生的质的飞跃而形成的具体成果。人的生命是大自然所有精华凝结而成的创造物,因此人类就必须通过拥抱整个世界来承担起创造的使命。可以这样说,创造的权利是天赋人权这一概念中最初始的内涵。其次,从马克思在《1844 年经济学哲学手稿》中提出的一个重要的理论观点——对象化——这一概念来看,人类只有把整个世界作为自己的对象,他才使自己的全部感官获得真正的发展,也才有可能真正拥有这个世界。马克思这样说过:"随着对象性的现实在社会中对人说来到处成为人的本质力量的现实,成为人的现实,因而成为人自己的本质力量的现实,一切对象对他说来也就成为他自身的对象化,成为确证和实现他的个性的对象,成为他的对象,而这就是说,对象成了他自身。"①马克思还进一步指出:"我在我的生产中物化了我的个性和我的特点,因此我既在活动时享受了个人的生命表现,又在对产品的直观中由于认识到我的个性是物质的、可以直观地感知的因而是毫无疑问的权力而感受到个人的乐趣。"②这就是说,人的精神生活的生动性、丰富性在其现实性上跟外在世界不可分离,没有客观世界的多姿多彩、生生不息,就没有人的精神世界的广阔无垠、生机勃勃。正是由于自然界作为人的精神世界的本源和对象,那种企图把它限制在某种特定的范围、规定为某种单一的品质和死板的形式,其实就是否定了人的本质特征和基本权利。再次,马克思的批判深刻揭露并严厉鞭挞了这种非人的做法所暴露出来的荒谬和邪恶,这就戳穿了书报检查令发布者用"公正"、"礼貌"和"谦逊"这些美好的辞藻所遮掩的邪恶本质,其实质就是反动政客企图运用手中的强权剥夺人们精神的自由,这是对人性的严重亵渎,完全是一种蛮不讲理的专制行为。

还有很重要的一点,就是创造活动要想获得预想的成果,还必须遵循创造性思维的心理规律,尤其需要让想象、幻想具有无限展开的自由。在这个问题上,马克思同样给予了高度的重视。

---

① 马克思:《1844 年经济学哲学手稿》,人民出版社 1985 年版,第 82 页。
② 马克思:《詹姆斯·穆勒〈政治经济学原理〉一书摘要》,《马克思恩格斯全集》(第 42 卷),人民出版社 1979 年版,第 37 页。

在马克思看来，一个社会只有充分发挥想象、幻想在创造活动中的启迪开拓作用，这个社会的新的思想观念才会有百家争鸣的活跃，新的科技发明才会有日新月异的涌现，新的艺术作品才会有百花齐放的繁荣。马克思明确指出，"对于人类的进步贡献极大的想象力"，"创造出神话、故事和传说等等口头文学，已经成为人类的强大的刺激力"。① 这里所说的"刺激力"，其实就是指人类通过意识的能动作用，具有憧憬、展望、设想新的劳动成果、新的发明创造和新的生活方式的自觉性，正是这样一些首先产生于人类头脑中的观念性的产物，为社会发展设定了一个又一个新的前景、新的目标，并由此调动人们探究外在世界、建造更加便利舒适更加高效的劳动产品的积极性，人类终于在历史的进程中，一步一步地把一个原初的自然变成更适合人类生存、繁衍的"人化的自然界"，因为"整个所谓世界历史不外是人通过人的劳动而诞生的过程，是自然界对人说来的生成过程"。② 想象和幻想确实还不是客观实存的事物，它还只是人们头脑里观念性的东西，然而，就是这种带有一定虚幻性的观念，却能够强有力地激发人们运用自己的聪明智慧、技术技艺和意志情感融会起来的巨大力量，在反复实践的过程中把它变成现实。这就是说，想象幻想自觉不自觉地指引着人类社会实践奋斗的目标，这一目标可能会在不久的将来，也可能需要经过漫长的过程才能通过人类的实践成为现实，它带有一种无拘无束的自由。但是，人们只要不把这样的想象幻想的成果直接当作已经实现了的现实，并且通过艰苦的科学探索、反复的钻研试验和切实的动手建造，就会极大地增加想象幻想成果真正转化为客观实际成果的可能性。

恩格斯认为，虽然某些动物如蚂蚁、蜜蜂、海狸等也以自己的肢体为工具进行生产，"但是它们的生产对周围自然界的作用在自然界面前只等于零。只有人才办得到给自然界打上自己的印记，因为他们不仅迁移植物而且也改变了他们的居住地的面貌、气候，甚至还改变了动植物本身"③。这里很重要的原因就是人类的想象力在起作用。可见，想象力就是改变外在世界的原动力，想象力的生动展开，使人类不再安于现状，敢于对自己的生存状态产生新的设想，提出新的愿景。这些设想和愿景在情感与意志的帮助下，往往是在经

---

① 马克思：《路易斯·亨·摩尔根〈古代社会〉一书摘要》，《马克思恩格斯全集》（第 45 卷），人民出版社 1985 年版，第 384 页。
② 马克思：《1844 年经济学哲学手稿》，人民出版社 1985 年版，第 88 页。
③ 恩格斯：《自然辩证法·导言》，《马克思恩格斯全集》（第 4 卷），人民出版社 1995 年版，第 274 页。

历了失败—奋斗—再失败—再奋斗的探究和建造活动之后,才有可能成为新的现实。意识的能动性所包含的某种带有虚幻色彩的想象,也就在实践过程中转化为实实在在的劳动成果。今天我们所面对的世界,就像美籍匈牙利空气动力学先驱冯·卡门所说的,是一个"人造世界",人类社会的发展历史早已证明了这一点。

马克思还这样说过:

> 大家知道,希腊神话不只是希腊艺术的武库,而且是它的土壤。成为希腊人的幻想的基础、从而成为希腊艺术的基础的那种对自然的观点和对社会关系的观点,能够同精纺机、铁道、机车和电报并存吗?在罗伯茨公司面前,武尔坎又在哪里?在避雷针面前,海尔梅斯又在哪里?任何神话都是用想象和借助想象以征服自然力,支配自然力,把自然力加以形象化;因而,随着自然力实际上被支配,神话也就消失了。……希腊艺术的前提是希腊神话,也就是通过人民的幻想用一种不自觉的艺术方式加工过的自然和社会形式本身。因此,决不是这样一种社会发展,这种社会发展排斥一切对自然的神话态度,一切把自然神话化的态度;因而要求艺术家具备一种与神话无关的幻想。①

在这一段话当中,马克思以希腊神话作为典型,阐述了想象和幻想就是人民征服自然、支配自然的"不自觉的艺术方式",这种方式所表现出来的具体内容会随着人类历史发展而有所变化。在社会生产力不够发达的上古时代,人们用想象和幻想创造出来的具有神秘力量和特异本事的神,他们都使用当时人们所熟悉的冷兵器,像中国古代神话中的"雌雄剑"、"金箍棒",都是人的身体机能和当时所使用的工具在功能上的无限放大;今天,人类在冷兵器时代所使用的武器早已进了历史博物馆,人类对于先进武器的想象和幻想却仍然在生动地展开着,而现在的神——"超人"、"变形金刚"、"机器人",他们使用的则是生活在今天的人们所熟悉的电脑、光纤、火箭、激光等代表着今天和未来高新技术发明创造的新成就,只不过通过想象的夸张、幻想的虚构,把这些现实的东西提升到远远超越现实的高度,也正是这种超前性的作用,使想象幻想能

---

① 马克思:《〈政治经济学批判〉导言》,《马克思恩格斯选集》(第 2 卷),人民出版社 1995 年版,第 28—29 页。

够成为引导人们努力追求的新的目标。这就说明想象和幻想虽然有虚幻神奇的表现,但它的本质却依然是社会实践。此外,马克思明确否定了排斥神话的想象和幻想的态度,因为人类征服自然、支配自然是一个永恒的命题,这一过程没有终点。这就是说,想象和幻想既要受到现实的制约,又具有超越现实走在现实前面的自由,而这种自由的最重要的功能就在于引导人类不断创造新的生活。

马克思指出想象"已经成为人类的强大的刺激力",还说明他把想象力放到人类发展的高度来加以认识。从人的本质力量的构成要素来看,人类之所以能够有效地展开自由自觉的创造活动,就在于对世界历史发展的全部成果的继承和积淀,并因此具备了认识自然、改造自然的基本力量。这些力量跟马克思讲的人类掌握世界的四种基本方式有着十分紧密的内在联系。马克思说:"整体,当它在头脑中作为思维的整体出现时,是思维着的头脑的产物,这个头脑用它所专有的方式掌握世界,而这种方式是不同于对世界的艺术的、宗教的、实践—精神的掌握的。"①艺术的掌握世界,很重要一点就是需要人类积极展开自己的想象和幻想,在情感的帮助下把五彩缤纷的自然界和生龙活虎的社会都纳入自己的精神生活的领地,以假中见真的方式构建种种多姿多彩、有声有色的艺术形象,把人类的想象、联想和幻想的能力不断提升到一个新的水平。在艺术创作中,艺术家首先运用自己的想象和幻想造就美妙生动的意象,这种想象的产物既有如见其人、如闻其声与如临其境的亲切感,又有惟恍惟惚、如真似幻、奇特诡异的新鲜感,大自然的璀璨绚丽、社会生活的丰富生动都会通过想象和幻想的加工带上瑰丽无比的神奇色彩,新颖奇特的想象通过不同类型的实践得到对象化过程中,有力地确证着人类艺术掌握世界的伟大力量。这一独特的掌握世界的方式,不但使人的精神生活有了充足的资源,也为想象力的生动展开提供了永不枯竭的源泉,而想象和幻想的广阔天地就是在艺术掌握世界的过程中得来的,人类的创造实践之所以生生不息、生机勃勃,也就是在精神自由展开的基础上得以实现的。

马克思从人在自然环境中获得的自由出发,深刻阐述了在认识论和实践论层面合规律性与合目的性统一的自由,又严肃强调了社会政治法律制度保

①　马克思:《〈政治经济学批判〉导言》,《马克思恩格斯选集》(第2卷),人民出版社1995年版,第19页。

障个体充分发表意见的自由,最后从心理规律的高度深入讨论了想象和幻想的无限展开的自由。这些论述对于我们深入把握人类创造活动的本质特征,把握创造和自由的内在关系,进一步丰富和完善创造学的思想内涵,不断提升创造性实践的水平,具有极为重要的指导意义。更重要的是,对人类的创造性实践的内在规律的探讨,使我们深刻理解院士制度和院士群体作为人类创造的先驱,在从事各个方面的创造性活动中的伟大贡献及其重要的社会意义,对于把握院士文化的深层内涵,奠定了指导思想上的理论基础。

二、人类创造活动的历史发展及主要方式

院士制度的建立对人类创造活动产生了巨大的推动作用,而人类创造活动生动丰富的展开形式所具有的特定类型,可以说是在人类社会实践活动的历史进程中形成的。当今世界各个国家的院士制度都有自己的特点,有的侧重于自然科学、技术科学领域,有的统筹兼顾,把那些在思想意识探索、科学技术发明和文学艺术创作中最为杰出的优异者,都通过院士桂冠的加冕加以肯定和褒扬。有的国家以创造业绩、创新成就为评价指标,各种不同类型的社会实践领域中做出伟大贡献的人,都纳入同一个国家最高学术研究机构,而有的国家则根据不同的创造活动范畴,分别设立不同的学术机构。这样的制度设计当然与具体的国情和历史背景有着密切的关系,但无论是分门别类的设计,还是兼容并包的方式,都是基于高度尊重和积极促进创造活动的崇高目的,都和人类各种创造活动在不同的历史阶段所表现出来的具体展开形式息息相关。

1. 创造活动的历史过程

今天,把人类的创造活动的具体展开形式加以区别,这似乎已经成为社会生活的常识。其实,这样的认识是创造活动的发展历史在人们头脑中的反映,既不是上天做出的规定,也不具亘古不变的绝对性。纵观历史,上古时期人类的创造能力还比较弱小,在今天的人们看来可能还很简单很幼稚,因此不可能将这样的创造性活动上升到类型学的高度加以把握,作为人类社会开端时代的原生态的创造活动,都源自人类生活的实际需要,都是为了满足个体生存和种族繁衍的需要而展开的。在这样的历史背景下,由于生产力发展水平低下,人的智慧、想象和动手建造的能力都相当有限,创造能力也受到极大的限制。

因此,在早期的劳动实践中出现的创造活动都是浑然合一的,都从属于满足生活的实际需要的劳动生产的范畴。社会的进步使生产力的水平得到了不断的提高,当社会不再需要动用所有的人为生存进行劳动的时候,有一部分人就有可能专门负责群体管理、祭祀等工作而不必从事物质生产,社会分工就在这样的背景下得到了新的发展。

恩格斯在《家庭、私有制和国家的起源》一书中提出了发生在原始社会后期的三次社会大分工,即游牧部落从其余的野蛮人群中分离出来,手工业和农业的分离,商人阶级的出现。尤其是第三次社会大分工的出现,对于创造活动产生了十分重要的促进作用。为了更好地适应商品生产和交换发展的需要,社会开始出现了专门从事商品买卖的商人,于是人类社会又有了历史上的第三次大分工。这次分工主要发生在手工业者和商人活动较为集中的地域,商品交换的兴起,商人阶层的形成,逐渐产生了萌芽状态的城市经济,于是,那些经常用来进行产品交换的地方,居住的人口逐渐增多,生活的设施得到改善,雏形状态的管理机构在这里慢慢形成——这个地方就具有了跟其他地方不一样的生活内容和存在方式,这就是城乡分工的出现。这些社会分工很重要的结果就是带来了生产力的进步和剩余产品的增加,使得一部分人具有了完全摆脱体力劳动的条件,他们可以专门从事监督生产、协调族群以及祭祀神灵的管理工作,那些心灵手巧的工匠们就能够专门从事制作各种生产生活用品的技术活动,这些技术活动的开展又需要更多地了解自然界的奥秘,这样的初步的探究活动促成了科学研究的萌发。而在祭祀和劳动中涌现出来的仪式,以及为满足人的情感的表达、抒发和宣泄的需要,那些从事朗诵、吟唱、舞蹈、绘画和雕刻的艺术活动也由一些具有这些方面专长的人来担任。于是,脑力劳动和体力劳动的分工开始形成,而政治管理、思想探索、科技创新和文艺创作等更为精细的社会分工也就在这样的历史条件下得以实现。

人类创造活动由小到大,由简单到复杂,从个人奋斗向制度规范的提升,从"摸着石头过河"的尝试向把握规律的高度转化,所经历过的曲折历程和丰富的表现方式,本身就是人类历史最重要的内容,它是人类自身成长过程的具体表现,又是人的本质力量和总体价值自我实现的根本途径,蕴含在其中的人学内涵和历史意义也就显得非常的深刻、无限的丰富。由于本书的任务不是专门论述人类创造史,所以只能从较为宏观的角度对人类创造活动的发展过程作一个鸟瞰式的介绍,对在人类创造活动的展开过程中起到重要作用的环节进行必要的梳理。笔者认为可以从混沌期、交叉期和融合期三个阶段加以认识：

第一，创造活动的混沌期。

早在人类从动物界分离出来之时，就已经开始了认识自然、改造自然的实践活动。虽然人不具备普通动物那些与生俱来的生存本能，但是在进化过程中获得的学习的本能是他们能够通过制造工具来适应环境，并且在这一基础上对自然环境加以改造，这实际上就开始了从事探索外在世界的实践活动。远古时代的原始人遇到特定的地质灾害时，看到石头在剧烈的撞击中会裂成一些薄片，就启发他们拿起石头去打击另一块石头，在反复的尝试中终于使石头变成了边缘较为锋利的石器。这种在今天看来再简单不过的活动，在当时就是制造工具的伟大创造，也就是探索自然和改造自然的光荣开端。可见，那时认识自然和改造自然的活动完全就是同一件事情。

远古时代人类获得的两项最重要的技术就是石器的制造和火的使用。在这两项活动中，原始人在大自然的启迪下，通过艰难的学习掌握了一些对自身生存有用的自然规律，并在这一基础上不断地拓展自己的活动内容和活动范围，一步一步地提高了生存质量。石器制造和火的利用都是原始人从自然现象中学到的知识，又都是经历了无数次尝试之后，在具体的实践过程中深化了对于客观事物的本质的了解和把握，可以说这是认识事物客观规律的一大进步。正是这样一些对于自然界的正确认识，为人类改造自然的活动取得成功提供了保证。虽然在人类的童年期，对大自然的认识和改造处于直接统一的状态，但随着时间的推移和历史的发展，人类对于外在世界的认识活动和改造活动在相互依赖、相互转化的互动中逐步深入。这样的历史进程就有效地提高了人类的生存能力：工具的制造逐渐走向规范化，更多的生活资料通过动手建造而不断改善人类的生活。于是，人的双手就变得更加灵活，而头脑相应地变得更加聪明，这样就能够在新的广度和深度获取及建造更加符合人的需要的生活资料，新的更为复杂的劳动工具也就在这样的背景下创造出来。弓箭的发明就是人类认识自然改造自然的能力得到不断提高的最好例证，因为弓箭的发明与使用，说明当时人类对物质材料的弹性、空中飞行轨迹的控制，以及箭头的穿透力等力学原理已经有了朴素的认识和经验层面的把握。恩格斯曾经指出："弓、弦、箭已经是很复杂的工具，发明这些工具需要有长期积累的经验和较发达的智力,因而也要同时熟悉其他许多发明。"①这就是说,还是在远古时代,原始人了解事物内在特性的认识活动,已经跟建造符合生存需要的物品,有机地融合在生产实践中,人类认识自然的探究活动和建造工具与用具的技术活动已经紧密地结合在一起了。

由于动物的生命和自然界是直接交合在一起的,所以它们的生存就只能被动地接受自然环境的各种变化,对于那些给自己的生命带来危险的灾害,唯一所能采取的应对措施就是逃避。人类的生存完全不同于动物的本能性状态,人类凭借着已经获得的摆脱自然环境严格束缚的"非特定化"的优势,在远古时代就密切关注自然界发生的各种奇特乃至凶险的现象。令人恐惧的电闪雷鸣,横冲直撞的山洪暴发,天崩地裂的地震,河流枯涸的干旱,这些自然现象直接威胁着人的生命,也就会引起原始人的特别关注。这种关注的深入与系统化,就是人类探究客观世界的开始,只不过还处于蒙昧时期的人类无法准确把握这些自然现象的深层奥秘,不可能真正掌握自然界的规律,于是那时的人们对于外在世界的探究也就只能在想象和幻想中寻找答案了。人类在认识客观世界的过程中,一个很重要的问题就是探究自己的起源。于是,在"自意识"和"万物有灵"相互促发的原始思维的作用下,猜想人类是由氏族的女始祖跟某种动物在特殊境遇中感应受孕而繁衍起来的,出于祈求老祖宗的保佑,使氏族能够过上平安的生活并且保持兴旺发达的发展势头,幼稚然而又是虔诚的巫术礼仪所形成的图腾崇拜,就以原始艺术的方式折射着人们探究外在世界和自身起源的强烈欲望,原始宗教也就是在这种历史背景下开始形成:虔诚的顶礼膜拜、狂热的情感投入和具有意味的动作仪式,把上古时代人类探究世界和生命的科学活动,通过想象和幻想的生动展开与情感的充分宣泄,又经过刻画图腾画像、建造图腾塑像等手工制作活动,使人类早期的科学探索、艺术创作和技术制作活动融为一体。就这样,想象和幻想、技艺和制作被作为人们认识客观世界的具体形式形成了特殊的创造活动的统一性。创造活动这种混沌合一的形式,用以己度物的方式方法是可能深入把握客观世界的奥秘的,但对于人类智慧的开发,探究欲望的激励和生命意义的积极体认却具有十分重要的意义。暂时还处于潜在状态的科学探索活动和技术制作活动,虽然以艺术

---

① 恩格斯:《自然辩证法·导言》,《马克思恩格斯选集》(第4卷),人民出版社1995年版,第279页。

的表现形式被包裹在原始宗教朦胧梦幻的情景之中,但是科学、技术和艺术三者的同一,却是人类创造活动无法跨越的卡夫丁峡谷。

第二,创造活动的交叉期。

随着历史的进步和社会的发展,人类的知识积累有了相当丰富的提升,与此相应的是人类的劳动技术水平也获得了与时俱进的进步,终于使个体的劳动除了养活自己和后代之外还有一定的剩余。于是,社会就有条件让一部分人专门从事脑力劳动。同时,由于劳动不断复杂化而产生的人际交流新的发展,语言文字的逐渐发达使人类认识和改造客观世界的社会实践活动产生了一次新的飞跃,而创造活动也就在这样的历史进程中出现了崭新的面貌:人们认识自然、改造自然的活动种类更为丰富,内容更加复杂,过去那种混沌合一的创造活动,在展开的形式上已经无法适应时代的需要而终于出现分化。由于已经不需要把所有的时间都用在解决生计的维持上,那些虽然不能直接满足人们物质消费需要的活动,却由于能够满足人们的精神需要而得到了重视,开始作为独立的创造活动类型出现在社会生活之中。正是在这样的发展途径中,科学、技术、艺术分道扬镳,自立门户,这一过程所导致的创造活动专业化,为人类开创了新的历史时期。

根据历史记载,独立形态的科学研究在西方是从处于奴隶社会的古希腊开始的。一批伟大的希腊哲学家、科学家对世界本源表现出极大的关注:泰勒斯、赫拉克利特、毕达哥拉斯、德谟克利特纷纷探寻万物的本源,他们的研究已经具有超越经验的更为深刻的抽象的特点。另一个重要的进步是数学开始成为重要的学问进入人们的研究领域,这为科学研究提供了十分重要的工具和更加系统化的语言。此外,希腊人创立的形式逻辑,同样成为人类理性地认识世界的有效方法。欧几里得在几何学、阿基米德在力学以及托勒密在天文学的研究中取得的成果,可以说树立了古希腊科学研究的高峰,他们对于欧洲乃至世界的科学发展产生了居功至伟的推动作用。

古代科学研究的另一个高峰就是从春秋诸子百家的崛起一直延伸到元明时期的中国。中国在春秋时代各种学派百家争鸣,形成了十分浓厚的科学研究的学术氛围。老庄孔孟、墨翟杨朱、邹衍李悝等贤哲分别用易经说、阴阳说、元气说、五行说等学术理论来表达他们对于世界本源的探索。在自然科学研究方面,古代中国人也是坚持不懈,薪火相传,取得了辉煌的成就。尤其是在天文观测、数学研究、作物栽培和生命医学等领域,更是取得了令世界瞩目的成绩。英国科学史家李约瑟博士曾经用这样的语言来赞美中国古代的科学技术，他说："中国在公元3世纪到13世纪之间，保持了一个西方望尘莫及的科学知识水平。"①

欧洲的文艺复兴运动有力地促进了近代科学的复兴与发展：哥白尼创造性地提出日心说，在取代传统的地心说的过程中引发了一场天文学革命，并且和伽利略—牛顿力学对于亚里士多德物理学的批判一起，掀起了近代科学的第一次革命。18世纪下半叶，英国的工业革命把自然科学的研究推向一个新的阶段。自然科学的各个主要学科都取得了重大的突破，人类开始认识到自然是一个有着相互联系、充满发展变化的有机整体。到了19世纪，西方科学实验进入一个大繁荣的新时期，许多客观世界的重要规律被人类所掌握：如能量转化与守恒定律、细胞学说和生物进化论等重要研究成果，都显示了科学研究已经从过去以材料搜集为主要工作的经验性阶段，飞跃到以材料的整理、归纳及规律探寻为主的理论性阶段。科学研究在迅速的发展中揭示着客观世界越来越深刻的内在奥秘。在这一时期应运而生的院士制度，既是科学研究日趋专门化的产物，又为科学研究注入了一种超前性品质。很多基础理论研究已经走到技术发展水平的前面。来源于科学家对电磁现象的科学实验和理论研究，引发了以电力应用为标志的电气技术革命，这一理论并非来源于生产实践经验，却能够引领生产技术的迅速提高，同时创造了技术革命的新世纪。这样，科学研究就从原本受生产技术的需要支配的混沌统一的状态，转化为人类更加积极主动、深入持续地探索事物内在规律的自觉行动，而院士制度的破土而出，院士精英形成的创造创新的群体集聚，这就是这种积极探索的自觉上升到国家意志的具体表现。于是，科学研究就从生产技术的实用功利中脱颖而出，成为人类创造活动的新的独立的领域，这一过程既是人类对于认识世界、改造世界的自觉性充分展开的表现，又是科学研究能够从那种直接的功利要求的束缚中解放出来的现实反映，这样的发展趋势，给科学研究带来了更大的自由，更为广阔的空间，使更多专门从事探索性研究的科学家有了更为广阔的用武之地。实践早已证明，摆脱了直接功利束缚的科学探索，并不是纸上谈兵的高谈阔论，而是生产技术革命的指南，它反过来对社会生产力的进步和人类生活水平的提高发挥了巨大的有时甚至是不可估量的推动作用。

---

① ［英］李约瑟：《中国科学技术史》（第一卷）序，科学出版社1990年版。

就在科学研究获得了独立地位的同时,以往艺术与科学混为一体的情况也发生了变化。人们对于外在世界的认识不断深入,探究的努力促进了理性思维的发展,过去那种用类似艺术的原始思维的方式来认识世界的方式被逐步淘汰,以原始宗教为中介的科学与艺术的统一体开始分化。无论是对于理性思维的重视,还是把想象与情感的具体内容凝聚在文艺创作中,这两种倾向都使科学研究和艺术创作找到了各自的领地,这一过程可以说是人类掌握了把握世界的不同方式,尽管相互之间仍然会有不同程度的交集,要想完全分得一清二楚也是不可能的。但是,艺术创作的主要社会功能在于表现人的情感世界,它的本质特征就在于通过想象和幻想创构生动具体的艺术形象,这和通过实验探寻事物内在规律的科学研究有了明显的分野,科学和艺术这两种创造活动各自沿着自己摸索出来的新路子向前发展。

与此同时,社会分工的不断深化使得人们对于艺术和技术的理解,也从以往模糊朦胧的状态中分离出来。西方的理论家们先是根据人类在创造活动中付出的差异,把主要依靠心灵的努力所进行的创造活动称为自由的艺术,把主要依靠体力的努力所进行的实践活动称为粗俗的艺术。到了文艺复兴时期,表现手的灵巧的工艺又和表现心灵自由的艺术产生了新的区分,诗歌、音乐、绘画、雕塑等艺术美的创造者开始得到社会的尊崇,这些人无论是在人们的心目中还是在他们自我认识上,都认为自己是超越一般匠人的美的创造者,甚至有人竭力想割断艺术家在历史上曾经跟工匠有过的密切联系。18世纪中叶开始,只有所谓"美的艺术"才能被认为是真正的艺术,其他的创造活动则被从艺术的殿堂中赶出来,成为独立的科学研究与技术生产。

科学、技术和艺术到了各自向着独立的方向发展的时候,说明人类社会实践对于创造活动的专门化提出了新的要求。这样的进程说明人的本质力量已经提高到一个新的水平。为了创造活动能够取得更大的成就,以往那种混沌合一的创造活动的方式已经不能适应时代要求了,人的本质力量的不同方面各自找到了实现对象化的最佳途径。这当然是历史的进步,创造活动的分化有利于人的本质力量的不同方面能够通过专门化的拓展而得到新的提高,这无论是对于个体的发展还是社会的进步,都具有重要的意义。可见,创造活动在这一历史时期产生的分化,就是进化和优化的具体表现。当然,分化了的创造活动可能会造成人的片面发展的不良后果,尤其是对于技术生产来说,强烈的功利性往往会使创造活动的分化妨碍人的全面发展。然而,科学研究、技术生产和艺术创作在专门化的背景下独立发展,其中所蕴含的进步作用应该说还是十分显著的。

第三,创造活动的融合期。

人类进入 20 世纪以后,科学技术取得了迅猛发展,大量重要的发明创造把神话中的梦想变成了活生生的现实,有效地改善了人类的生活方式,极大地提高了人们的生活水平。作为人类创造活动主要形式的科学、技术和艺术,也就在这种新的历史条件下发生了变化,科学与技术相互融合,以及它们与艺术之间的良性互动作用的日益强化,使创造活动的广度与深度都产生了一个新的飞跃。

对于科学研究来说,技术水平的提高是一种强有力的推动和支撑。信息技术革命为人类进一步探索客观世界开拓了崭新的天地,今天地球上的卫星遥控系统,可以使科技人员在地球上观测、控制在外太空运行的月球、火星探测器,这样的技术成就为人类不断深入探究未知世界的科学研究,注入了新的活力,提供了更有效的保障。电子计算机和互联网的诞生,不但使人的感觉器官和感知能力得到了空前的扩大和延伸,而且它们所创造的虚拟空间为人类提供了另一种新颖的生活方式。今天,智能手机的迅速普及,不但使人们的通信方式进入一个前所未有的迅捷便利的境界,而且通过网络所完成的金融支付、家电遥控等功能,正在改变着人类传统的生活方式,更为重要的是,这样的高端技术使个人大脑的思维功能得到了放大。也就是说,人类制造的机器或者说广义的工具,已经能够部分地取代人脑的计算、控制和思维的功能。大量的新技术的问世充分证明,科学研究的技术化进程正在成为人类探究大自然的深层奥秘的根本保证。

而从技术创新的角度来看,科学研究的不断深入,基础理论方面新成果的不断涌现,使科学的进步直接为技术创新插上了飞翔的翅膀。正是在科学研究的积极引领下,人类的双手变得越来越灵巧,对于各种各样的仪器设备的操纵控制,变得越来越方便,越来越智能的工具极大地提升了人类改造自然的能力。科学对于技术创新的引领作用,主要表现在以下几个方面:一是思想观念上深化了人类对于未知世界的无限性以及人与自然相互关系的认识,无穷无尽的客观世界为人类提供了广袤无垠的探索对象,而人就是在一步步的深入探究中认识到自身的本质力量同样具有无限性;二是在新的科学理论指导下,人类对于新的对象世界客观规律的把握不断取得新的拓展,相关的仪器设备的发明、革新与完善,使人类在改造自然、改造社会的过程中有了更为得心应手的工具;三是智慧在劳动过程中的地位和作用显得越来越重要,人的意识和思维在各种生产活动中的功能,已经不像过去那样只是局限在对于身体的支配和意志的控制层面上,手工劳作中形成的以手的灵巧为标志的精湛技艺,更多地开始转化为人脑对电脑的控制和使用。这几方面足以说明,科学研究对于技术创新的巨大的推动作用,使两者之间的相互关系达到了一种血肉相融、相依为命的新水平。

与科学和技术相互融为一体的关系相比,科学和艺术的关系虽然也处于进一步密切的进展中,却未能形成如此的统一。但是,新的变革已经露出了美好的曙光,科学研究借助艺术创作的因素,以及当代艺术运用高新科技成果的元素正在得到进一步的增长,越来越多的科学家高度重视艺术创造中所运用的异想天开般的思维方式,对于科学探索的创造活动带来的启迪意义和引导作用,想象幻想虽然不是以思想的缜密和理性的清晰为主要特点的科学研究的主要思维方式,但是两者之间并非是绝缘的,在某种意义上说来也存在着相互沟通、相互启发的可能与需要,严密的逻辑思辨和璀璨的想象幻想开始有了相互渗透的尝试,科学和艺术这两种创造活动也在朝着相互融合的方向积极发展。反过来看艺术创作对于科学的态度,同样处在一种积极认同、认真吸收的过程中。科学的发展不断改变着人们对于人和自然的认识,思想观念的更新肯定会影响艺术家的创作活动,类似信息论、系统论、控制论等自然科学的方法论,已经对文学艺术产生了有一定深度的影响。更为现实的是,新的科研成就刷新了社会和人的精神面貌,有力地改变了人们的生活方式,这样的社会生活内容,必然会在艺术创作过程中得到一定程度的体现,而社会生活的发展变化,也一定会在艺术作品的内容和形式上得到不同程度的反映。

技术和艺术的相互关系相对于科学和艺术的关系,在创造活动从分化走向融合的过程中步子要迈得大一点,也就是说技术与艺术的相互融合要显得简单直接。科学技术在 20 世纪取得巨大进步的现实,决定了科学研究成果转化为生产技术的周期变得越来越短,这就使更多的富有高新科技含量的新产品如雨后春笋般地出现在人们的日常生活中。这些崭新的技术手段必然会催生一系列新的艺术门类,诞生在 20 世纪的摄影、电影、电视和动漫等新的艺术,充分说明了技术进步对于艺术发展所带来的促进作用,这样一些新兴艺术的出现,从根本上改变了人们艺术创作和欣赏活动的原有格局,技术与艺术的相互融合也就在艺术的技术化和技术的艺术化双向互动中走向更为深入的未来。

2.创造活动的基本品质

创造活动涵盖了人类生活的方方面面。早期人类的创造活动主要是从维持生存的劳动工具和生活用具制造的初级阶段开始的,所要解决的都是直接服务于狩猎、采摘和食物的加工等现实问题。在生产力水平十分低下的上古时代,哪怕一个有助于改进生活质量的小发现,只要对于人的生存产生促进作用,那就是了不起的创造,都会得到人们的普遍肯定,并且在有效性的作用下积极地扩散开来。火的功能就是原始人在偶然的情况下发现的:当人们看到雷电或者矿物的自燃把来不及逃生的野兽烧死的时候,烈焰腾腾的场景起先只会让人们恐惧惊慌,但当火焰熄灭之后,一些较为大胆的人看到被烧死的兽类就会勇敢地拿来食用,觉得火里烧过的兽肉吃起来要比生的味道更好。经过多次的尝试,这一事实终于为人们普遍认同,于是保留火种使它能够随时用来加工食物,就成为原始人极为重要的生活内容,而烧烤过的食品在营养与卫生两个方面有效地提高了人的健康水平和味觉享受,那么火的使用就是人类重大的创造成果。又如陶器的发明应该是在同样的情形中获得成功的。火的使用优化了食物的品质,人们就把它的使用范围逐步扩大。当保存在洞穴里的火种一不小心烧着了原始人用来取水、储水的黏土和树枝做成的容器时,把容器中类似柳条筐的那部分烧成了灰烬,而剩下来的黏土部分却变得坚硬密实,不但依然可以盛水,而且还能放在火上把水烧开。这一发现使得用火加工食物的方式变得更为多样化——原本只能直接在火上烧烤的单一方式,开始扩充为煮、蒸、炒等更多的加工方式,而陶器也从偶然的发现演变成人工的烧制物,并且随着食物加工要求的多样化和精细化,创造出鼎、鬲、釜、罐等各种器皿,这种在今天看起来显得十分稚嫩的创造活动,却已经较为全面地表现出人类在从事创造性实践时应该具有的基本要求。这首先就是善于观察客观世界的细微变化,并且能够及时发现并抓住那些能够给人类生活带来好处的客观事物的特性;其次就在于应该具备敢于冒风险、破成规的勇敢精神,一方面要有积极探索未知世界奥秘的勇气,另一方面又对那些为人们所尊奉的清规戒律提出挑战,只有内外两个方面都具有开拓者的勇敢精神,才有可能真正进入创造的环节;再次是通过大胆实践、勇于尝试的实践行动,在很多情况下必须有坚持不懈的韧性,有败而不馁的坚强意志,这样才有希望在经历无数次失败之后获得成功。而这些早期人类在创造活动中显示出的基本特点,其实就是人类创造活动的文化基因,这些品质或者说要求至今仍然是一切创造活动的必要条件。

创造者的这些基本品质始终贯穿了人类的社会实践,而对于客观世界的重要发现,都是在创造者不断探究外在世界,坚决摒弃墨守成规的陋习并且不断提高实践的勇气的合力作用下,获得的最为重要的创造成就。古今中外一切有益于人类社会发展和文明进步的创造,无一不是把探索自然界的奥秘作为创造活动的起跑线。无论是探索宏观世界的天体和宇宙,或者是探索微观世界的物质构成,还是探索最为复杂的生命系统,都是自古以来无数智者深入钻研的对象,他们以掌握前人遗留下来的相关知识为基础,向新的深度和广度进军,在经历了深入细致的观察、循环往复的验证和理论上的总结之后,终于有可能把人类对相关问题的认识向前推进。通过一代又一代人前赴后继的持续努力,人类在更多的方面和更深的层次掌握了客观事物的本质特征,认识外在世界的水平的不断提高,促使人的感官、想象、思维和情感等精神世界的运作能力得到了新的拓展,这就为实际改造客观世界打下了扎实的基础。由于人们在三个不同领域的探究能力,必然会受到社会生产力和科学技术发展水平的制约,人们对于世界的认识只能属于相对真理的范畴,还有更多的未知世界摆在人们面前,这一方面召唤着后人通过生生不息的探索活动去认识新的相对真理,另一方面又只能运用想象和幻想的方式,通过建构宗教信仰的彼岸世界和文学艺术的虚幻天地,在减轻未知世界的无限性对于人的心理压力的同时,也为科学地认识世界提供某种有益的启迪。

人类创造活动的另一个重要品质就是在认识世界的基础上动手改造世界。这类实践活动既是认识活动的必然延伸,又是满足人类生产生活实际需要的根本途径。这就是说,认识的成果只有真正成为实践的成果时,思想的绚丽之花才会结成鲜美的果实。于是,那些能够提升人的生产能力和生活水平的工具、设备和仪器,就在发明家聪明的头脑和灵巧的双手的共同作用下源源不断地诞生了。从石器的打磨、陶器的制作、青铜器的铸造、铁器的使用和瓷器的发明,直到今天的硅酸盐材料、塑料制品、单晶硅、光纤、纳米材料,人类不但能够从大自然直接获取种种现成的材料,而且还能够用人工合成的方法制造出用途各异、新颖精致的材料。人类最早依靠畜力帮助自己在改造自然的过程中获得更加强大的力量,后来懂得了利用矿物在燃烧过程中产生的热能来替代人力和畜力,就从运输工具的更新换代来说,早期的马车、牛车在使用几千年之后,被烧煤的蒸汽机和烧油的内燃机所拉动的火车、汽车、轮船、飞机所取代,这就使得人类的体力被发明的各种机器所放大;而以光电磁的各种特性为基础发明的电灯、电报、电话,以及照相机、摄影机、摄像机和无线电收音机、电视接收机,已经把过去只出现在神话的想象世界中的"千里眼"、"顺风耳"变成人人都能享受的现实,各种新的发明进一步延伸了人的感官;今天以互联网、智能手机、机器人及火箭、人造卫星为代表的高新科技,这些以人工智能为核心的创造发明以前所未有的发展速度拓展了人类智慧,原来很多依靠人的大脑思考的问题都能交给电脑去处理,这不但使生产效率和生活质量得到了非凡的提升,更重要的是为人类的智慧能够更多地投入到新的创造性的工作中去提供了保证。

　　至于文学艺术作品,它是人类精神生产的成果,虽然不像科学研究中的公式、定理那样是在实验的基础上发现的相对真理,也不是在改造现实世界的努力中形成的发明,但是,文艺作品也是人类创造力的对象化的重要表现形式。美好的思想内容如何通过精美的艺术形式表现出来,需要艺术家用自己的慧眼和巧手,精心建构新颖别致、精巧严密的形象系统。这里同样需要高度的表现技能,需要将内在胸怀完美地外化为形象世界的建造能力。这种建造活动以审美价值为追求的目标,形式美的规律也就自然而然地成为艺术品的建造指南。马克思曾经指出,"人也是按照美的规律来建造的",①值得指出的是,人们在艺术品的创造活动中,由于能够较少地受到物质因素的制约,而审美带来的精神解放能让艺术家在建造过程中获得更大的自由,"登山则情满于山,观海则意溢于海",情感和想象在更为广阔的天地里自由翱翔,也为形式建构的创新创造了极为有利的条件,而在艺术品建造中精深的恣肆汪洋表现和作品的超越常规的突破,却能够为物质生产中的创造发明带来思维的拓展和想象的引领,这种启迪作用对于人类全面把握创造活动的本质特征,扩展与增强人的本质力量具有相当重要的意义。

　　总的说来,自由自觉创造是人的本质力量的基本特征,它不但决定了人类社会发展水平,也是个体生命价值的根本体现。作为精英阶层的院士群体,生命的精彩就在于他们向人类奉献的创造才能,无论是在思想探索,还是在科学

---

　　①　马克思:《1844年经济学哲学手稿》,人民出版社1985年版,第55页。

研究,抑或是技术革命,乃至文艺创作,只要是在强大的意志力的作用下,经过艰苦卓绝的探究,获得了填补历史空白的新成果,并且运用适当的形式把它建造成为世人普遍享用的产品,就必然能够引起人们的敬佩崇拜,他的人格也因此具有更强劲的魅力,国家学术机构和院士制度就是在这样的人学内涵与历史背景下应运而生并茁壮成长。

第二章
国家学术机构和院士制度创立与传播

院士制度于 17 世纪下半叶在英国滥觞,就像一粒火星,很快飞过英吉利海峡,点亮了法兰西文化和智慧的火炬。在随后近 200 年的时间里,国家学术研究机构和院士制度在世界各大洲许多国家纷纷建立。这一历史现象虽然对于人类社会发展史来说是既是短暂的又是漫长的,院士制度虽然没像燎原之火那样熊熊燃烧,但却能以坚毅的力量、稳健的步伐向前迈进,现在已经遍布世界各地。在 300 多年时间里,这一制度从无到有,从小到大,从弱到强的发展,显示出人类社会在开发自己的聪明智慧的艰苦历程中所做出的巨大努力,简直是以重力加速度的方式积极稳健地推进着这项工作,使得人类在实现知识的积累和创新的同时,有效地促进了自身本质力量不断增强。这一过程所蕴含着的深刻而又丰富的社会历史意义,有必要加以深入的挖掘和阐发。

一、国家学术机构的创立与传播

任何一个事物要在人类历史进程中占有一席之地,在纷繁复杂而又充满变化的社会环境中崭露头角,绝对不是哪一个天才突发奇想的结果,更加不可能是哪家神灵的恩赐。只有积极顺应历史潮流的发展方向,新生事物才有可能茁壮成长。而衡量的尺度就是看它能否有利于促进社会生产力的发展,是否有利于提高人民群众物质文化和精神文化的发展水平,以及是否能够为人类本质力量的增强提供有效而持久的动力。国家学术机构和院士制度之所以具有如此强大的生命力,就在于它完全符合这样三个方面的历史必然要求,并且已经被人类社会这几百年的发展历史所证实。

1.发端英伦,欧洲先行

英国皇家学会刚开始是由 12 名科学家大约在 1645 年成立的小团体,刚开始的时候既没有正式的名称,也没有固定的办公场所。这个团体在初创时没有明确的章程,只是大家有时间聚在一起交流讨论各自的研究情况,这种沙龙式的组织一度被人们称为无形学院。因为学院中有不少人住在牛津,经常来伦敦聚会确实很不方便,这个组织曾一度分为伦敦学会与牛津学会两个分支。1660 年查理二世复辟以后,伦敦重新成为英国科学活动的中心,人们对科学研究的兴趣大为增加,开始认识到应当成立一个正式的科学机构。正是在这样的社会潮流的推动下,1660 年 11 月,克里斯多佛·雷恩爵士在格雷山姆学院召集了一个会议,正式提议成立促进物理—数学实验研究的学术机构。不久,罗伯特·莫雷爵士带来了国王同意成立"学会"的口谕,莫雷就被推为这个集会的会长。两年后,查理二世正式批准成立"以促进自然知识为宗旨的皇家学会"。就是这个在当时不很起眼的举措,却开启了人类社会院士制度建设的门扉,具有开天辟地的意义。经过一百年左右的时间,欧美各大国纷纷效仿英国的做法,建立国家科学院及院士制度。

法国的国家最高学术机构是由 21 位著名科学家在 1666 年自发组织起来的,到了 1699 年,法国国王路易十四认为应该把这个组织置于王室的保护之下,就将它命名为"法兰西皇家科学院",并且给予较为慷慨的经济资助。由于具有较为优越的发展条件,法兰西皇家科学院取得了较大的科研成就,在当时的欧洲产生了较大的学术影响。英国皇家学会和法兰西皇家科学院相继成立,可以说顺应了 17 世纪科学研究向组织化发展的时代潮流,拉开了科学研究向体制化进军的历史帷幕。美国科技史学家罗伯特·金·默顿指出:"到了该世纪(指 17 世纪——引者注)中期,对科学作为一种社会价值的评估尺度已明显上升。……科学变得时髦起来,也就是说,它得到了人们的高度赞许。查理二世本人对化学和航海颇感兴趣,从而树立起榜样。鲁珀特王子称赞自然哲学事业并躬亲这类活动。马修·黑尔爵士和基帕·基尔福特勋爵专注于流体静力学的一些问题。人们开始认为,一个'有文化的绅士'忽视科学的'魅力'是近乎反常的事情了。虽然这些显贵名流的兴趣对科学发展所做的贡献微乎其微,但是这作为社会对科学探究的尊重并提高其价值的一种象征性表示,却具有十分重要的意义。"①这种趋势因为符合社会进步的方向而表现出越来越强的势头。到了 18 世纪,科学研究的体制化得到了更多国家的重视,政府开始意识到深入探究自然界的奥秘,掌握相关专业知识具有非常重要的实用价值,同时意识到组建国家级的学术机构对于科学研究的深入能够起到重要的促进和保证作用。于是,欧洲各国政府对于科学的发展表现得更加重视,并且根据各国科学研究的需要,创建了新的学术机构和组织形式。

当时的欧洲,跟法兰西皇家科学院齐名的还有普鲁士科学院和俄国彼得堡皇家科学院,而它们的建立都和著名数学家莱布尼茨有关。前者起源于 1652 年成立的利奥波第那科学院,从时间上说甚至早于法兰西科学院;后者源于 1724 年在圣彼得堡成立的彼得堡科学院,一代枭雄彼得大帝对此非常重视,亲自下令成立帝国学术机构。1739 年瑞典国王下令仿效英国皇家学会和法兰西皇家科学院成立瑞典皇家科学院,1742 年丹麦皇家科学院成立,次年 1 月这一新建立的组织获得了皇室的保护。在 18 世纪下半叶成立的还有瑞士科学院和荷兰科学院。

2. 迈向新大陆,走向全世界

19 世纪,科学院的制度除了在欧洲继续发展,如匈牙利科学院和奥地利科学院分别在 1825 年和 1847 年成立,这一制度同时还跨洋过海,向美洲新大陆、古老的亚细亚进军。1863 年美国政府宣布建立美国科学院,由于当时美国的科学研究水平还不是很高,美国国家科学院的创立者在整体上尚未具有较高的国际学术声望,再加上成立过程出现的一些组织工作上的问题,它在成立后的半个多世纪里对美国的科学研究没有发挥应有的引领作用。1882 年时任加拿大第四任总督的罗恩侯爵提议成立加拿大皇家学会,次年即获得皇家特许正式开始运作。1879 年日本成立东京学士会院,1906 年就改名为帝国学术院。到了 20 世纪,国家学术研究机构和院士制度在国际上普遍推行开来,很多发展中国家也纷纷成立国家级学术研究机构,建立院士制度。1926 年雅典科学院成立,这是希腊最高的国家学术机构。

整个 20 世纪经历了两次世界大战,战争期间发生的那些令人发指的迫害甚至虐杀思想家、科学家和艺术家的罪恶行径,给科学研究事业带来了近乎毁

---

① ［美］罗伯特·金·默顿:《十七世纪英格兰的科学、技术与社会》,范岱年等译,商务印书馆 2007 年版,第 58—59 页。

灭性的打击。然而,一方面由于先进的武器对于战争胜败起着非常重要的作用,国防科学和工业在战争年代反而被提到一个压倒一切的地位加以重视;另一方面由于战争在某种意义上对于殖民主义的有力冲击,国家要独立、民族要解放成为殖民地人民的奋斗目标,二战后一大批殖民地纷纷独立建国。这些新独立的国家需要发展经济,需要提高人民的科学文化水平和工农业生产技术,于是,建立国家级学术机构和院士制度就成为促进科学研究的不二选择。

中国的第一个国家科学院——中央研究院是在 1928 年成立的,但更早的具有学术团体性质的组织是中国科学社。这是由一批在美国康奈尔大学留学的中国学生发起创立的,这些留学生大都是学习自然科学的。他们当中有很多学者后来都被当时在国内高等教育界中声望卓著的教育家、东南大学校长郭秉文延聘到东大任教,并且把这个诞生于美国的科学社搬到了国内,并且改名为中国科学社。这些专家聚集在东大,开设了当时中国高校最好的自然科学系科,包括物理学、数学、化学、地质学、生物学等。今天我们回顾历史的时候,不能忽视中国科学社这一学术团体开创国内学术机构先河的重要意义。

中央研究院成立之后,由于战火连绵、时局动荡的原因,在相当长的时间内这个国家级的学术机构的运作不是很正常,院士制度也是到 1948 年才正式建立。还在抗日战争进入到最艰苦的 1940 年,中国共产党就创建了延安自然科学院,它的前身是延安自然科学研究院。这是一所对根据地的抗日军民和青年学生进行自然科学教学的高等院校,又是开展自然科学研究的学术中心。中华人民共和国建立后,中央人民政府在 1949 年成立了中国科学院,取代了中央研究院的职能,而"中央研究院"也就成为台湾地区的学术研究机构了。1977 年,经国务院批准,在原中国科学院哲学社会科学学部的基础上组建了中国社会科学院,把社会科学、人文科学的相关研究院所升格为一个新的建制,成为专业性较强、学术水平很高的国家学术研究机构。这样,中国科学院就成为中国自然科学与高新技术领域的国家最高学术机构和综合研究与发展中心,它通过学部、分院和直属研究机构展开科研工作,拥有一大批国家重点实验室和科学院重点实验室,以及国家工程技术研究中心、国家工程实验室和高等学校、文献情报中心、技术支撑机构,全院科研人员达 5 万余人。

1994 年中国工程院的成立,标志着中国工程科学技术界也有了专门的最高荣誉性、咨询性学术机构。它没有实体性的研究院所,而是发挥院士群体多学科、跨部门、跨行业的综合优势,积极参与国家和地区经济发展和社会进步中重大决策、重大工程建设和高技术产业发展战略的研究、咨询和评估,为国家和地方政府提出优先发展领域和重点投资方向和建议,跟中国科学院、中国社会科学院的组织结构和运作模式都有较大区别。

当时还在英国殖民统治下的印度,在 1935 年成立了印度国家科学院。20世纪,亚洲成立的国家科学院还有:伊朗科学院、巴基斯坦科学院、以色列人文与自然科学研究院、蒙古科学院、斯里兰卡国家科学院、印度尼西亚科学院、马来西亚科学院、韩国国家科学院和韩国国家工程科学院、朝鲜国家科学院、越南国家科学院和越南社会科学院、泰国科学院、柬埔寨王家研究院、老挝国家科学院、新加坡科技研究院等等。20 世纪 90 年代苏联解体,原属苏维埃社会主义共和国联盟的中亚、西亚地区加盟共和国独立建国,原本属于加盟共和国的科学院随之升格为国家级科学院,它们是:哈萨克斯坦科学研究院、乌兹别克斯坦科学院、吉尔吉斯斯坦科学院、阿塞拜疆国家科学院、土库曼斯坦科学院和亚美尼亚国家科学院。

有的加盟共和国在苏联建立之前就有国家级科学院,如乌克兰国家科学院在 1918 年就已经成立,只是后来成为加盟共和国的科学院,1991 年独立以后又重新成为乌克兰国家科学院。而大多数在苏联时期建立的加盟共和国科学院都在独立以后升格为国家科学院,如白俄罗斯国家科学院、格鲁吉亚国家科学院、摩尔多瓦国家科学院,而立陶宛科学院、拉脱维亚科学院和爱沙尼亚科学院的沿革情况,可以说也是大同小异。此外,前南诸国的国家学术机构情况跟苏联也很类似,原南斯拉夫社会主义联邦共和国在 20 世纪 90 年代解体,联邦内部的共和国成为独立国家,它们的学术机构相应升格为国家级科研机构,塞尔维亚和黑山共和国科学院、克罗地亚共和国科学院、斯洛文尼亚共和国科学院、波斯尼亚和黑塞哥维纳共和国科学院、马其顿共和国科学院就这样诞生了,而在特殊政治背景下的科索沃也成立了科学院。

拉丁美洲国家的科学院大多也是在 20 世纪成立的。它们是:巴西国家科学院、墨西哥国家科学院、阿根廷科学院、古巴科学院、智利科学院、秘鲁科学院、玻利维亚国家科学院、哥伦比亚科学院、哥斯达黎加科学院,此外还有一个地区性的科学研究机构——加勒比海科学院。

澳大利亚则在 1954 年成立了澳大利亚科学院,此后又在 1969 年、1971年相继成立了澳大利亚人文科学院和澳大利亚社会科学院。

由于帝国主义殖民统治在政治、经济和文化等各方面的剥削压迫,非洲大陆的科学研究和技术创新水平相对来说处于较为落后的状态,大多数国家级学术机构都成立得比较晚。除了埃及和南非的情形较为特殊——1798年,法国侵略军统帅拿破仑为了长期占领埃及并更有效地进行殖民统治,强行成立了主要由法国科学家包括他本人直接控制的埃及科学院;南非皇家学会的建立,最早也可以追溯到1820年,参与创建和管理的也都是说英语的科学家,不要说黑人,就是原本也是来自欧洲的荷兰人后裔布尔人,也很难问津其间。这两个国家级学术机构,前者是殖民统治的产物,后者则带有很强的种族隔离的色彩,从民族解放和种族平等的政治角度来说,都是应该加以否定的。但是这样的学术组织的建立,在某种意义上来说,对于当地的科学研究和文化教育具有一定的积极意义。

"赤道雕弓能射虎,椰林匕首敢屠龙。"非洲大陆真正独立自主地创建国家学术机构,只有在历经艰难困苦和付出巨大牺牲之后,各国民族解放运动取得最终胜利之后,才有可能提到国家建设和发展的议事日程上来。一些国家虽然经济建设任务繁重,文化发展的水平也亟须提高,但政府意识到科学技术和学术研究对于民族和社会的重要性,国家级学术机构就是在这样的背景下成立的。目前,已有喀麦隆科学院、摩洛哥王家科学院、加纳科学院、乌干达国家科学院、科特迪瓦科学艺术和农业研究院在非洲大陆横空出世,而其他国家有的成立了政府主导的科学研究基金会,有的则是由政府部门代替相关的学术研究机构发挥管理、指导和协调作用,有的正在积极创造条件筹建国家科学院。

3. 开创新局面,攀登新高峰

当代社会在信息传播中产生的巨大飞跃,使人类的知识生产进入了一个突飞猛进的新时代,有论者用"知识爆炸"来形容这一日新月异的变化。面对这样一种令人目不暇接的局面,科学研究和思想文化怎样因势利导,积极适应高新科技的迅猛发展,就成为世人共同关注的重要问题。尤其是一些发展中国家,如何能够充分利用科学技术迅猛发展的契机,走上一条强国富民的康庄大道,更引起了国际组织、各国政府和广大科学家的重视。国际上很多有识之士敏锐地意识到学术交流和相互协作的重要性。为了更好地挑选、支持那些具有研究意义的科研项目,改善第三世界国家科学研究工作,积极促进它们与发达国家的交流,巴基斯坦物理学家阿布杜斯·萨拉姆在1983年倡议成立了第三世界科学院。这个倡议得到了联合国和很多国家的积极支持,意大利政府还拨出专款资助这一国际学术机构。2004年12月,第三世界科学院更名为发展中国家科学院,2012年9月又更名为世界科学院。这充分说明了成立国际学术机构完全适应了人类社会发展的潮流,因此具有旺盛的生命力和光辉的发展前景。到目前为止,该机构已经对100多个发展中国家的各类研究项目进行了资助,还奖励了2000多位来自发展中国家的科学家在研究工作中取得的成果。

在第三世界科学院成立前几年,还有一个重要的国际性学术机构就已经成立了,这就是国际工程与技术科学院理事会。国际工程与技术科学院理事会是由瑞典、美国、墨西哥、澳大利亚和英国的工程科学院或类似性质的机构在1978年发起并在美国成立的。该组织的宗旨是:有效促进世界各地区的技术进步,并为工程技术的发展开辟广阔的前景不懈努力。由于当今世界各国的经济发展与社会进步对于高科技的依赖性越发增长,国际工程与技术科学院理事会就把工作重点放在以下几个方面:一是发挥论坛作用,讨论和磋商国际上共同关心的重大工程技术问题;二是通过旨在推动符合双边或多边共同利益计划的有效接触,促进工程技术方面的国际合作;三是鼓励提高国际工程实践水平;四是帮助各国建立或加强国家级工程科学院;五是致力于加强工程与技术活动,以促进世界经济繁荣及提高社会福利。

除此之外,还有一些区域性的科研机构也顺应该地区经济文化发展和科学研究工作的需要而建立起来,较有代表性的就是拉丁美洲科学院。这个学院的全称是"使用拉丁语言的国家科学院"(The Academy of Latinity),科学院的总部设在巴西里约热内卢,因为带有鲜明的拉丁美洲区域色彩,工作的中心和服务的对象也是以拉丁美洲国家为主,所以在更多的场合就用"拉丁美洲科学院"的简称。拉丁美洲科学院2000年在巴西里约热内卢成立,总部的秘书处设在坎迪德·门迪斯大学。科学院的各项工作得到了巴西总统以及法国、意大利两国的教育部长的有力支持,并且受到联合国教科文组织的指导和支持,现任院长就是联合国教科文组织前任总干事菲德科·麦尔。拉丁美洲科学院现有院士200多名,主要是欧洲和拉丁美洲国家中使用拉丁语言(法语、意大利语、西班牙语、葡萄牙语等)的科学家以及人文社会科学学者。如已故著名学者亨廷顿和鲍德里亚就曾是该院最早的院士,其他院士包括法国学者阿兰·图兰、弗朗索瓦·于连等,诺贝尔文学奖获奖作家加西亚·马尔克斯、萨拉曼戈等。

二、当今国家学术机构组织形式的新变化

国家学术机构和院士制度的普遍建立,充分说明了制度本身所具有的强大的生命力。350 多年前发源于 12 位英国科学家的创意,在经历了初创时期的艰难曲折之后,终于得到国王这一最高统治者的认同和支持,名正言顺地成为符合国家意志的重大举措。就像所有符合历史发展趋势的新生事物具有强大的生命力一样,皇家学会的成立在那时英国国内风云变幻并表现着各自的浓墨重彩的政治、经济、军事活动中,既跟上层社会的争权夺利没什么关系,也不能直接影响普通民众为衣食住行终日奔波的劳苦生活,所以就不可能成为十分引人注目的重大事件。真正关心此事的人,大多局限在那些从事科学实验和学术研究的专家学者的小范围之内。但是,有谁会在当时预料到这一制度的未来发展,有谁会相信它不断地逐步引起各国同行的关注,甚至最后走向世界成为全球共同拥有的社会制度。正如中国古人所说,"其始也微,而其成也巨"。院士制度的创立和所有新生事物的诞生和发展一样,都表现出星星之火可以燎原,涓涓不塞将成江河的历史必然性。

综观当今世界上各个国家、各个地区的最高学术机构和院士制度的设置,虽然不同的国家和地区的社会现实有着很大的差异,在科技创新和学术研究的实际水平上,也不可能有等量齐观的表现,但是,却能够发现这样一个共同点:紧密结合本地社会实践的客观环境和具体条件,根据本民族本地区的政治体制、经济水平和文化传统建立起来的国家科学院和相应的院士制度,才具有真正的发展前景,才能符合本国本地科技进步、经济发展和文化繁荣的实际需要,也只有这样的学术机构和院士制度,才会得到人民群众的拥护,在代表先进科学文化的前提下得到国家的肯定和人民的拥护。

正是由于上述原因,目前世界上一些主要国家的最高学术机构的设置开始呈现出丰富多彩的形态,形成了百花齐放、欣欣向荣的大好局面。我们可以从以下几个方面来讨论这一问题,以便增加对当今世界的最高学术机构和院士制度的了解与把握。

1.综合性的单一型学术机构

在国家级学术机构设置上,目前大致有这样几种方式:

所谓综合性的单一型学术机构,大多称为科学院或国家科学院,也有在名

称上就显示这种学术的多重性，前者如俄罗斯科学院、丹麦皇家科学院、匈牙利科学院、奥地利科学院、伊朗科学院和日本学士院等，后者如荷兰皇家艺术和科学院、挪威科学与文学院、以色列人文与自然科学研究院、科特迪瓦科学艺术和农业研究院，它们虽然有各不相同的名称，但都是国家最高学术机构。例如，1739 年奉瑞典国王弗雷德里克之命，仿效当时的伦敦皇家自然科学促进学会和巴黎皇家科学院成立的瑞典皇家科学院，在其创始成员中，有举世闻名的博物学家、机械工程师，还有政治家安德斯·约翰·冯，后来他成了瑞典皇家科学院的首任终身秘书。所有院士都被分为 10 类，它们分别是数学、天文宇宙学、物理学、化学、地球科学、生物科学、医学、工程科学、经济学和社会学、人文科学或其他科学。中国科学院在成立之后 28 年的运作中，也是采用这种形式，直到 1977 年原属科学院的哲学社会科学学部独立组建为中国社会科学院为止。目前世界上还有很多国家的最高学术机构仍采用综合性的单一形式，即无论是从事人文科学、社会科学，还是自然科学、技术科学研究的所有专家，他们如果做出了杰出的贡献，创造出高水平的学术成就，有机会被遴选为院士的，都称为科学院院士，他们在各个方面享受同样的荣誉和待遇，能够获得同样的社会地位和学术机会。

这样的制度设计自然有其内在的合理性与必然性。所谓合理性首先是指这种国家级学术机构，是从国家意志的高度进行的顶层设计，体现了对于所有不同门类的科学研究一视同仁的尊重，既没有重理轻文或重工轻理的偏向，也没有忽视基础理论研究或者对于尖端技术开发的疏漏，体现国家和人民对各种不同门类的学术研究的普遍重视。这些不同领域的科学家所从事的都是人类智慧开发和知识积累的伟大事业，都是人类社会发展和文明进步的需要，因此，都应该得到国家和社会的充分尊重和有力保障。

其次，单一型的国家最高学术机构把不同的学科放在一起管理，这就能够为不同科学门类、不同学科之间创造交流沟通、交叉协同的机会，在充分发挥不同领域的科学研究在促进文明进步和社会发展的基础上，通过协同创新和知识融合的途径，深入关注并努力解决人类在改造自然、改造社会中遇到的新问题，在此基础上通过共同攻关开创新的科研领域，探索新的研究方法。这样就能够为科学研究积极适应不断发展变化着的客观世界，把握事物的新特征，探索世界新规律，创造更有利的条件，提供更有力的保证，这是科学研究和知识生产之所以能够保持生生不息的前进动力的重要原因。众所周知，人文科学重点在于关注人类的精神生活,社会科学的重点在于探索保障群体生活顺利运行的机制,自然科学侧重于探索大自然的奥秘,而技术科学的核心就在于发明、优化各种能够拓展人的感官、增强人的本质力量的工具和设备。这四种门类的科学研究确实有内在分工和学理上的区别,但是,无论是从发生学的角度,还是从类型学的意义来讲,相互之间却不是完全割裂的绝缘的,而是以"人"为纽带,以探究事物的内在规律为途径,相互之间有着很多内在的联系。因此,单一型的国家最高学术机构对于学术的协同创新,对于新的研究领域的开发和新学科的培育的积极作用是毋庸置疑的。

再次,单一型的国家学术机构在领导核心的组织上,能够把专业上最优秀、学术贡献最大、科研创新、社会活动和组织协调能力最强的学术领袖集中起来,形成一个强有力的团队,既能够以统一意志和一个声音说话,向政府相关部门反映情况、制订计划、申请经费,又能够按照科学研究的实际需要和社会发展的轻重缓急,去指导各个门类的科研部门申报项目、发放资助,这里体现的是手心手背都是肉的公平态度和系统论的科学方法。这就说明,单一型的学术机构在组织架构为管理上的公平、公开、公正提供了基本保证。可见,这类国家学术机构的组织形式确实有其内在的优势。

当然,任何事物都具有两面性,国家学术机构的组织形式也不会例外。这就是说,单一型学术机构存在着一定的缺点。因为不同门类的科学研究在研究对象、思维方式、团队组织、经费使用、社会效益等方面,都会出现很大的差异,而差异就是矛盾,有矛盾就会产生各种不同的问题甚至冲突。不同学科门类的专家如果为此而互相攀比、指责,甚至形成某种怨气,那就必然会因为内耗的产生而影响科学研究的正常开展。因此,充分发挥不同学部在学术研究中的领导作用,用科层管理的模式组织具体的研究活动,正是单一型学术机构扬长避短走可持续发展的必由之路。

2.专业性的分类型学术机构

为了解决单一型国家学术机构在运作上存在的问题,很多国家选择了另一种组织形式,就是把原本单一的学术机构分拆重组为几个。这一般是在那些历史较为悠久,国家科学事业的发展又有实际需要的情况下采用的。这种做法改变了学术机构原有格局,以几个不同门类的科学院取代原来那个单一型的科学院,几个专业性学术机构分别负责相关科学门类的研究创新、组织协调、交流联络、成果奖励及院士遴选等工作,这样也就把原来由一个学术机构负责的工作,分解成几个部分交由相关的机构承担。目前,这种分类式的学术机构和院士制度已经被很多国家所接受,这就导致专业性分散型的科学院在数量上逐渐增多,并且呈现出方兴未艾之势。

所谓专业性的分类型学术机构,一般依据本国科学研究的客观情况和发展需要而建立几个国家学术机构,分设的最根本的依据主要就是学科门类的不同,在自然科学、工程技术科学、人文社会科学等学术领域单独设立科学院的情况比较多见,有的国家还在艺术创作研究方面也设立科学院,有的则把艺术归到人文社会科学院中去。目前我国的国家级学术机构基本上就是按照这种分类方法设立的,这就是中国科学院、中国工程院和中国社会科学院所组成国家学术机构的基本体系。

澳大利亚国家学术机构的设置同中国的情况大致相同,也是由单一的科学院分成几个平行的专业科学院。创建于1954年的澳大利亚科学院,就是其他后来诞生的专业科学院的工作母机,它是由一批著名学者所创立的,首批成员中有多位英国皇家学会会员,而担任首任院长的是澳大利亚国立大学马克·奥利芬特教授。1969年、1971年,澳大利亚人文科学院、澳大利亚社会科学院相继成立,这样澳大利亚国家学术机构就由原本涵盖所有科学门类的单一型科学院,拓展为分别引领三个不同科学研究领域的分散型学术机构了。目前,有不少国家的学术机构都在沿着由单一型向分散型发展的路子演变,这或许是今后一段时间国家学术机构拓展变化的趋势。

这样一种分类型的国家学术机构的出现,当然有特定的社会历史的原因,应该说也适应了科学研究不断深化的需要。从科学发展与技术创新的角度来看,知识爆炸的历史背景,信息传输的数字化革命,高新科技成果雨后春笋般地涌现,所有这些都需要科学研究在进一步强化专业性、精确性、持续性的基础上去把握客观世界更深邃、更细微、更隐蔽的本质特征,把人类探索真理、把握规律的科学研究能力提高到一个前所未有的新高度。然后,把已经掌握的客观规律转化为能够有效帮助人类提高物质生活和精神生活质量的先进设备和工具,使那些过去只能在神话和幻想这类人类想象世界中出现的许多"神器",已经成为社会生活中各种现实的工具、设备和仪器。正是由于当今知识生产和智慧开发对学术研究提出的崭新要求,从事同一学科乃至同一科学门类研究的专家学者,他们在知识积累上有较大的相通性,学术上具有较多的共同语言,这样就能够使知识生产和技术创新过程中涌现更多的量的集聚向质的飞跃转化的机会。因此,专业性的学术机构对于科学研究来说,会起到集中优势力量打歼灭战的作用。

如果从提高学术研究的管理水平来说,把研究领域相同或相近的学术精英组织到一个学术机构中来,无论是学术领袖的产生还是学术机构的运作,都会因为领导层与成员们对特定学科的内部规律的更为深刻的把握而产生无形的优势与动力。用通俗的话来说,这种专业型学术机构的运作,不再是以往曾经遭人诟病的外行领导内行的不正常现象,而是由真正懂行的领导带领一批实干的内行。这样,就会在科研战略的谋划统筹,研究方法的优化创新,人力资源的科学调配,实验设备的合理配置等各个方面的具体问题上,形成更精细的考虑,更大的话语权,一旦遇到疑难问题也会在懂行的领导直接指导下得到较快的解决,至少他们会提出一些有启迪意义的思路。正是从学术机构管理水平的有效提高这个角度来看,以专业性学术机构对科学研究加以分门别类的管理,是符合当代管理科学的基本原理的。

还有一点就是从院士和其他优秀科学家的角度来说,成立专业性的学术机构有助于他们更加热爱所从事的科学研究的具体领域,因为谁都乐意看到国家和社会对于自己用全部的生命力量去拼搏、去奋斗的学科和专业受到应有的重视。每一个在学术上有所建树的人,都钟爱自己的专业,都会对自己在这个领域里多年来废寝忘食地学习,苦思冥想地钻研,豁然开朗的收获而感到骄傲与自豪。当自己所从事的专业有了国家层次的最高学术机构之时,他们就会产生强烈的归属感、自豪感和成就感。这些都是人类的高级情感,它们都具有崇高的品质和积极的作用,就会进一步提升科学家对自己所从事的学术研究的执着追求,他们就会以更炽热的情怀、更刻苦的奋斗去争取更伟大的科研成果。同时,更多的同行在一个学术机构中活动,相互交流的机会就更多,共同的科学理想、共同的奋斗精神和共同的协作愿望,就会创造出更为融洽的人际关系,还会产生更多的协同创新的机会,即使因为观点的不同而引起学术争鸣,也会在理论的碰撞甚至冲突中产生思想的火花。这也是当今各国纷纷成立专门性分类型学术机构的题中之义。

就像综合性的单一型学术机构存在着一定的弊病一样,专业性分类型的学术机构同样会有一些缺点,主要表现在高新科技迅猛发展的今天,不同科学门类、不同学科之间的融合与交叉显得比以往任何时候都更为重要,因为当今人类对于科学技术的要求,不再停留在追求工具的先进与便利的层次上,以往作为人的感官和肢体延伸的创造发明,已经被进一步纳入个体生命和个性化生活的紧密体系之中,就像苹果手机的主创者乔布斯所提倡的那样,当今的科技发明和人的需要息息相关,甚至可以说已经成为人的生活不可分割的有机组成部分。因此,无论是从事自然科学研究的专家,还是进行技术科学创新的工程师,他们都需要掌握更丰富、更深刻的人文科学和社会科学的知识,以便新的创造发明能够实现更高水平的人性化,能够为文明的昌盛和历史的进步提供更加伟大的正能量,而不再重现以往那种双刃剑的状况,在给人类带来好处的同时也会产生一些戕害人类的负面影响。正是在这个意义上,任何一个优秀的科学家、工程师,不但需要掌握大量的人文科学和社会科学的知识,而且要经过较为扎实的艺术创作的训练,把想象力的开发与培育作为科学研究和创造发明的重要动力。可见。在某种意义上来说,分门别类的国家级学术机构的设置,对于适应知识融合、协同创新这一新的时代要求,确实会存在一些不利的影响。

3. 国家学术机构组织形式发展的新态势

正因为上述两种国家级学术机构的设置方式都有各自的优势和不足,也就是说在今后的发展中都需要不断地改进和积极地优化,于是,在一些国家由于国情的特殊性将原来并存几个平行的国家学术机构合成一个新的综合性科学院的同时,也有不少像美国、俄罗斯和中国这样的科技大国、创新强国,却把原来单一的国家科学院分拆成几个专业性的学术机构。由多个合为一个的例子不太多见,南非的例子可以说是比较特殊的:1996年,在新南非开国总统曼德拉的倡导下,经过全国科技界和学术界的长期酝酿,南非政府庄严宣布建立一个新的国家科学院——南非国家科学院。这一新的科学院把原本分别代表自然科学、技术科学和人文科学的三个科学院综合起来组建。这三个科学院是指,以英语为工作语言的南非皇家学会、以阿非利堪斯语为工作语言的南非语言研究院和主要从事自然科学和技术科学研究的南非科学与工程研究院。新的科学院不是上述这三个科学院的简单合并,而是根据实际情况做出不同的安排,南非科学与工程研究院和南非语言研究院两家继续按照原来的研究领域展开工作,前者继续在自然科学和技术科学两个研究领域发挥作用,后者的主要任务是研究阿非利堪斯语、南非荷兰语和祖鲁语,以及使用这些语言的民族的历史和文化,而原来的南非皇家学会所承担的国家科学研究和学术管理的任务,则由新的南非科学院负责。这种做法充分体现了消除种族隔离制度之后,要想更好地承担起科技创新和学术研究在建设新南非中的历史使命,很重要的一点就是把曾经严重对立的族群重新聚集起来,尽快消除种族隔离时期的历史隔阂,团结一致向前看。摒弃前嫌、凝聚力量,既是新南非以国家意志的名义对科研工作者提出的政治要求,又是科学研究开创新局面走向新辉煌的必由之路。按照本国社会发展实际情况重组学术机构,是完全符合国家根本利益和科学发展客观规律的正确举措。

跟南非处于特殊的国情进行的以整合为主的调整不同的是,更多的国家则是把原本单一的国家科学院分设为几个专业性的学术机构。如最早创建国家学术机构的英国,早在1871年就成立了英国工程技术学会。这个学会是全球工程技术领域的顶级专业学术团体,包括了能源电力、交通运输、信息与通信、设计与制造和建筑环境五大学科40多个专业,工程技术学会之所以要从皇家学会分离出来,就是为了更好地指导、引领本国和世界工程技术科学的发展。又如1863年成立的美国国家科学院,在经过百年多时间的长足发展之后,为了适应工程技术科学迅速发展的历史潮流,在20世纪已经扩展为三个平行的学术机构:最早是组建于1916年的美国国家研究理事会,此后是成立于1964年的美国国家工程院,尔后又在1970年建立了美国国家医学研究院。1994年1月,由俄罗斯社会政治杂志社出面,在联邦司法部门注册登记了新的跨地区学术团体——俄罗斯社会科学院,首任院长B.奥西波夫院士指出,在俄罗斯历史上成立社会科学院还是前所未有的创举,这是好几代社会科学家孜孜以求的事情。新的社会科学院将带领在社会科学领域辛勤耕耘的学者,大家团结在一起,实行更有效的自我管理,为培养更多的杰出的、有威望的科学家,集中力量研究那些迫切需要解决的社会课题,以便更好地适应社会发展需要。中国科学院由单一性的国家学术机构,分设为中国社会科学院、中国工程院,同样是为了更好地适应不同门类科学研究发展以及人民群众日益增长的物质文化和精神文化的需要。可见,这样的举措反映了国家学术机构和院士制度的具体形式,以及如何更好地服务于社会历史进程的历史要求,因此具有充分的合理性。

有分有合,看上去似乎很热闹,颇有《三国演义》开头所说的"天下大势,分久必合,合久必分"的气象。但如果这样的分与合都是从深入探索客观世界和认识人类社会的目的出发,并且符合本国本地区社会发展的实际需要,那么对国家学术机构在组织形式上加以适当的变化,当然是值得肯定的。反之,只是为了满足某些领导者好大喜功的虚荣心，把学术机构作为装点门面的花架子，那无论是打着"强强联合"的口号搞合并，还是甩着"强化专业"的幌子搞分拆，形式主义的本质所造成的自欺欺人的最终结果，必然会对科研事业和知识创新乃至整个民族科学文化水平的提升带来极大损害，这是我们考察国家学术机构基本格局时应该高度重视的问题。

三、国家学术机构和院士制度创立与发展过程的文化意蕴

从英国皇家学会诞生到今天 350 多年的时间，虽然在人类历史长河中只是短暂的瞬间，但这短短几百年当中人类社会取得的巨大进步，是以往任何一个时代都无法比拟的。今天普通老百姓都能用汽车代步，都能坐上超音速飞机周游世界，坐上火箭去外太空旅游的梦想也正在成为现实，跨海大桥、城市地铁、高速公路、高速铁路把世界变成了地球村；通过计算机、网络、卫星或光纤电缆，无线技术使信息的数字化传播达到了一个梦幻般的境界，文字、图像、视频的制作、传输的高速和美妙，不但可以让人足不出户就能拥抱全世界，而且还会在活生生的现实世界之外，给我们创造出一个如梦似幻的虚拟世界；从数码机床的应用、纳米材料的问世到 3D 打印机的发明，各种建造活动高度自动化、智能化，心想事成的美好愿望即将成为现实；遗传基因的研究、染色体的发现、克隆技术的诞生到核磁共振、微创手术及预防疫苗，人类对于疾病的防治达到了一个新的水平，在这些高新科技手段的支撑下，世界人口总数已经超过 70 亿，人的平均寿命也有大幅度的提高。所有这一切，都是这 350 多年来科学研究不断深入、技术创新日新月异带给全人类的幸福，而国家学术机构和院士制度正是推动科研进一步造福人类的有效途径，也是人的本质力量之所以能够得到如此巨大提高的基本保证。

1.先进制度传播的文化内涵

作为先进文化的代表，国家学术机构和院士制度理所当然地具有积极向外扩展的张力。17 世纪 60 年代在英伦海岛上最初冒出的一点星火，很快跨过英吉利海峡点亮了法兰西、德意志等西欧国家的科学界的创造灯火。18 世纪欧洲国家纷纷设立国家科学院，更为特殊的是，英、法两国出于殖民统治的需要，先后把这样的制度一直推行到埃及和南非。到了 19 世纪，国家学术机构和院士制度不但被更多欧洲国家继续仿效，而且越过大西洋在美洲新大陆

生根发芽,甚至还得到了当时义无反顾全面欧化的日本帝国的青睐,开始迈向古老的亚细亚大陆。20世纪是国家学术机构和院士制度进入相当成熟的新时期,拉丁美洲、澳洲乃至非洲的许多国家都逐步成立了国家科学院,院士制度也成为很多国家表彰优秀科学家、促进科学技术研究和思想文化探索的重要措施。

上面这一简略的回顾告诉我们,国家学术机构和院士制度的创建与传播,总体来说走的是一条由点、线、面逐步拓展的路子。如果以英国皇家学会成立为起点,按照各国国家科学院和院士制度成立时间顺序,把世界上现在拥有同类机构和制度的国都用线条连接起来,就能发现它传播扩散的基本轨迹:最初表现为线的延伸,随后有多条线的交结而演变成几个扇形的面的叠合,最后则是线条的重叠缠绕,展现出一幅看似复杂无序的线描构图,颇有后现代主义绘画那种"乱花渐欲迷人眼"的派头。其实,从最初发轫到普遍推广的过程中,在眼花缭乱的表象下面,却蕴含着这样几个方面的深层次内涵:首先,这一现象说明了任何新生事物之所以具有强大的生命力,就在于它自身拥有的先进性。这种先进性不是属于哪一个圣哲、伟人的恩赐,也不是狂人、达人用自吹自擂的手段获得的,而是经过了社会实践的反复检验之后,让世人对它的现实意义和历史作用有了越来越充分的了解和认可。只有具有这样一些品质的新生事物,才会随着时间的推移得到更加广泛的传播,同时也会在传播的过程中获得进一步的优化和拓展。一个方面的原因是,量变的充分积累肯定会转化为质变的发生,传播范围越来越广,初创时期的幼苗逐渐长成参天大树的时候,它对周边环境所产生的积极作用当然有了质的飞跃,这一新生事物就是这样在不断生长的过程中跃上更完善、更有效、更普遍的层次;第二个方面原因是,新生事物还处于成长发育的过程之中,它是一个开放的系统,随着传播范围的逐步扩大,必然会在接触各种不同的学术思想、科学观念、政治体制、社会价值乃至宗教信仰、军事需要时,发生程度不同的摩擦、碰撞与冲突。国家学术机构和院士制度作为先进文化的代表,它的先进性和开放性具有同等重要的意义。正是先进性的优势,使它具备了海纳百川的博大胸怀,能够积极主动地吸收一切对于自身生长发展有益的东西,这就为生命力的充实和优势的进一步提升创造了良好的条件;反过来,在不同的文化传统的磨炼和陶冶下所形成的更强大的先进性,又能转化为更大的开放性和包容性,使它具备了从一个国家走向全世界的强大而持久的力量。这种良性循环就是新生事物在传播和拓展的实践中的生命力所在。

其次,国家学术机构和院士制度的创立与传播,充分体现了先进文化成长发展的基本规律,其中很重要的一点就是先进文化所体现的高地效应。所谓高地效应,是指那些能够走在时代前列、引领潮流的新生事物,在它诞生以后很快就显示出超越同类事物所具有的高度,从而表现出某种鹤立鸡群的位置优势。当然,这种优势不是海市蜃楼那样悬浮着的空中楼阁,也不是自命不凡的盲目的优越感,而是有一批能够紧紧抓住历史发展机遇的聪明人完成的创新成就,他们是真正意义上的识时务的俊杰,具有敢想敢说、敢作敢为的魄力和勇气,是能够在历史进程中的关键环节下决心创造业绩的非凡人物。这批人一方面具有丰富深厚的知识积累,另一方面又不拘泥于现成知识的条条框框,善于思考,敢于挑战,于是他们所创造出来的东西就必定具有超越前人的先进性,又有适应未来发展的预见性。这样的创新成果也就具有高屋建瓴的优势,而且肯定会产生高山流水般的冲击力。这就是说,具有创新品格并且已经产生积极的社会作用的新生事物,在向新的范围拓展的时候一般不会遇到特别大的阻力,因此不用花费特别大的力量,就能以因势利导、顺势而为的方式达到自己的目的。从上述国家学术机构和院士制度的传播与拓展的简略回顾中,新生事物的高地效应就表现在它的强大的生命力上,而反过来说,这一制度的先进性也就在这里得到了更为充分的证明。

再次,通过上述国家学术机构和院士制度的简明传播史的叙述,可以发现新生事物的发展过程既表现出多姿多彩的风貌,又显示出曲折复杂的形态。前者是指一项先进制度在推广拓展的过程中,既不可能像在一张白纸上画画,也不可能在一马平川的原野上势如破竹地前进。它的传播和拓展的过程更像水流在丘陵地带滔滔汩汩地流淌,前方不但有平川,也有地势稍高的山丘,可能还会碰上高山大川。小的土堆阻挡不住它,它能冲越而过并继续前进,如果是高山就只能在碰撞中溅出几朵水花之后迂回而过,当它在前进过程中碰上大江大河,那就只能与之同流合一了。这样,以新生事物的高地效应所展开的传播和拓展过程所表现出来的具体形态,也就显得精彩纷呈了。就像苏东坡所说的,"大略如行云流水,初无定质,但常行于所当行,常止于所当止,纹理自然,姿态横生"[①],国家学术机构的组织也是如此。有的国家由于政府相当重

---

① 苏轼:《苏东坡全集(卷二十)·与谢民师推官书》,青海人民出版社1999年版,第386页。

视,通过正式的文件加以组建,在组织架构、人员选拔、功能设定甚至名称的采用上,都有相当的重视;有的国家由于当权者的注意力更多地放在其他方面,对科学的发展和学术机构的组建不是那么关心,就会在行政行为、经费支持及领导团队的人事安排上比较随意。至于现代学术机构的运作及改组中表现出来的由分到合、由合到分的不同方向、不同路径,更是体现了各国各地区具体的社会环境的制约作用。

这种生动丰富的传播方式与拓展形态之所以具有内在的合理性,一个很重要原因就是新生事物的先进价值所具有的普遍意义,这就使它在传播过程中必然会与接受它的国家和民族的上层建筑与意识形态的特殊情形,精英阶层与民间草根的态度差异,积极开放与保守封闭的矛盾斗争产生特定的反应,并且会使接受外来新生事物的具体过程表现出迅速与缓慢、坚决与迟疑、踏实与虚化等不同的状况。这是由于国家学术机构和院士制度在流播的过程中,必然会受到特定的民族文化心理的影响。任何一个民族既会持积极开放的心态欢迎外来新生事物,也总是会在坚守民族传统的基础上在一定程度上排斥甚至拒绝外来文化。这种矛盾的深层原因就在于人们对新生事物,一方面都会抱有积极的探究心理,因此就会深入关注陌生的东西,分析它的优劣,检验它的功能,把握它的未来发展趋势,然后才有可能采取恰当的措施应对它;另一方面由于对民族本地区原有文化传统的钟爱,以此为立身之本加以认真的保护,并且还会运用文化隔离的方式,坚持本民族的上层建筑和经济基础的基本模式,而且还会通过民族语言文字的使用、文化遗产的保护和风俗习惯的保留来表现民族文化的独立性。正是由于探究和封闭两种文化心理的矛盾在社会心理的深层相互冲突所产生的张力,国家学术机构和院士制度的传播尽管表现出很强的高地效应,仍然会在开放与封闭两种不同接受态度的影响下,表现出千姿百态的复杂性。

2.三个特殊案例的启示

世界各国国家学术机构和院士制度的建立,充分体现了代表着先进文化和先进生产力的新生事物所具有的强大生命力,通过高地效应的发挥,在传播和拓展的实践中显示出特殊的正能量,因而在短短350多年的时间,就实现了走向世界的梦想。然而,对于这样一种先进制度的自觉接受还只是事物发展的普遍现象和一般规律,还是属于矛盾的普遍性的范畴,而矛盾的普遍性存在于矛盾的特殊性之中。毛泽东同志在《矛盾论》中指出:"每一物质的运动形式所具有的特殊的本质,为它自己的特殊的矛盾所规定。这种情形,不但在自然界中存在着,在社会现象和思想现象中也是同样地存在着。每一种社会形式和思想形式,都有它的特殊的矛盾和特殊的本质。"他还进一步指出:"如果不认识矛盾的普遍性,就无从发现事物运动发展的普遍的原因或普遍的根据;但是,如果不研究矛盾的特殊性,就无从确定一事物不同于他事物的特殊的本质,就无从发现事物运动发展的特殊的原因,或特殊的根据,也就无从辨别事物,无从区分科学研究的领域。"①作为社会现象的国家学术机构和院士制度的创建与传播,同样体现着矛盾的普遍性蕴含于矛盾的特殊性之中的辩证法,分析那些具有特殊意义的案例,有助于我们对于这一问题更为深刻的把握。正是出于这样的目的,下面就对埃及、日本和中国三家国家学术机构和院士制度在建立演变过程中反映出来特殊的社会现象进行一些理论的阐释。

　　在这三个国家中,地处非洲的埃及最早成立国家科学院。然而,这一件本来体现着先进文化的新生事物在埃及的诞生,却是殖民统治者强加于埃及人民的,并且是作为殖民侵略的工具而催生的。公元 1798 年,拿破仑·波拿巴野心勃勃地率领着远征军,跨洋过海开始对埃及进行军事侵略。第一批 20 万人的远征军用两千多门大炮轰开了埃及的国门,在随后的进军中,令人意想不到的竟然有一批法国的专家学者。就在这一年的 5 月 18 日,由 45 名教师和学生组成了一支特殊的队伍,里面还有 2 位法兰西科学院院士蒙日、贝尔托莱,他们随着 32000 多名军人在法国的土伦港乘上军舰,向着埃及进发。7 月 3 日,这支由全副武装的军人和几十名文化人组成的"合成军"抵达埃及的亚历山大港,又经过几天行军,终于在 7 月 23 日到达开罗。这些教师、学者被派到埃及来负有特殊的使命——在埃及依照法兰西科学院的样子,组建一个埃及研究院。8 月 23 日,占领军发表了关于成立研究院的公告,说:"波拿巴将军于共和历 6 年果月②签署命令,在开罗成立科学和工艺研究院。这个机构主要负责(1)科学知识在埃及的进展与传播;(2)埃及自然、工业和历史的学习、研究与出版。"这个科学和工艺研究院由数学、物理、政治经济、文学和艺术 4 个学部组成,规定每个学部都可推选 12 名院士。两天之后埃及科学和工艺研究院即举行成立会议,具有法兰西科学院院士头衔,又担任过巴黎理工学校

① 毛泽东:《毛泽东选集》(第一卷),人民出版社 1991 年版,第 309 页。
② 果月(Fructidor),共和历的 12 月,相当于公历 8 月 18 日至 9 月 16 日。

校长的科学家和军事工程师蒙日被选为研究院主席,拿破仑则被选为副主席。①

　　这一在今天看来颇有几分荒唐的特殊事件,却能够说明很多问题。第一,在 18 世纪末埃及的科学技术和学术研究的发展,并没有提出建立国家学术机构、推选院士的要求,这个所谓的研究院完全是外来殖民统治者强加给埃及人民的,跟法国资产阶级在大革命时期提出的《人权宣言》所宣扬的"自由、平等、博爱"的理念完全是背道而驰的。第二,拿破仑军队侵占埃及,虽然在一定程度上冲击了埃及封建社会的结构,打击了腐朽的封建势力,传播了欧洲资产阶级文化,并对后来埃及执政者穆罕默德·阿里发起的改革有一定的引导作用,但军事占领和殖民统治毕竟是用野蛮屠杀和疯狂掠夺的手段来达到殖民统治的罪恶目的,今天人们仍然可以在斯芬克斯像上看到的弹痕,就是当年拿破仑军队用大炮轰击所留下的罪证,更不用说成百上千的珍贵文物遭到掠夺。在这样的历史背景下,所谓的学术机构完全出于为殖民统治者服务的卑劣动机也就昭然若揭了。第三,人们常说科学技术就像一把双刃剑,它一方面能够促进人类文明的巨大进步,另一方面也有可能给人类造成伤害,如把科学技术置于极端功利主义的桎梏之下,或者科学技术控制在逆历史潮流而动的殖民主义、种族主义和恐怖主义分子的手中,那就必然会使普通百姓遭殃。国家学术机构的创立和院士制度的实行,从根本说来确实不应该成为反面力量的工具。但是,客观事实就是那样的无情,善良的人们意想不到事情就这样明明白白地被钉在历史的耻辱柱上昭示后人,这是人们在对待所有新的科技成果和先进制度时之所以必须采用扬长避短的辩证法的原因所在。

　　埃及科学和工艺研究院这种在殖民统治者强加的国家学术机构与院士制度,在世界上毕竟是少数。因为很多处于殖民统治需要,对殖民地的语言历史、民俗人种、政治经济、地理地貌进行的研究,大多是通过宗主国所设立的科研机构来完成的。他们开展这方面的研究根本目的是进一步巩固殖民统治,从殖民地掠夺更多的财富。虽然在一些具体问题上也对殖民地的科学研究起到一定的促进作用,但这样的正面意义其实是相当有限的。跟这种外来殖民统治者用强权成立的国家学术机构和院士制度相反,绝大多数国家都是出于推进科学技术研究,积极主动地创造条件,通过组建国家科学院、推行院士制

---

① 参见李艳平《大革命期间的法国科学院与埃及研究院》,《自然辩证法通讯》2006 年第 05 期。

度以实现强国梦想。在这一点上,日本的表现是最为突出的。这不仅是指它在亚洲国家中最早成立这样的机构,1879 年就仿照法兰西科学院的格局建立东京学士会院,更重要的是举国上下对于学习欧洲先进文化有着强烈的渴望、深刻的认知和坚决的行动。这一举措为日本在 19 世纪下半叶强力崛起创造了重要条件,成为明治维新所追求的国家现代化的重要内容,而日本思想家福泽谕吉倡导的"脱亚入欧"的理念,就是强烈主张干净彻底地抛弃以中国儒学为代表的亚洲文化,义无反顾地学习欧洲工业革命之后形成的新的思想观念,成为引领日本新政治制度设计和社会风尚转化的领头羊。

福泽谕吉(1835—1901)是日本近代杰出的思想家,日本现代文明最为重要的奠基者之一。"脱亚入欧"这个在日本产生重大社会影响的口号,就是这个福泽谕吉最早喊出来的。福泽谕吉一方面熟读儒家名著,熟悉中国历史;另一方面在青年时代就开始学习荷兰文,曾拜著名兰学家绪方洪庵为师研学兰学。所谓兰学,是指日本从荷兰人那里学来的欧洲近代文化和科学技术知识。在他 26～34 岁的 8 年时间里,曾先后三次游历欧美,目睹了欧美在富国强兵、繁荣工商的战略思想指导下,很多国家拥有坚船利炮,在世界各地攫取利益;反思亚洲包括中国在内的封建主义国家落后挨打的惨象,于是大胆提出了"脱亚入欧"的口号。他在《文明论概略》一书中说,"如果想使日本文明进步,就必须以欧洲文明为目标,确定它为一切议论的标准,以这个标准来衡量事物的利害得失",认为"我日本之国土虽居于亚细亚之东部,然其国民精神却已脱离亚细亚之固陋,而转向西洋文明"①。他大声疾呼:"我国不可狐疑,与其坐等邻邦之进,退而与之共同复兴东亚,不如脱离其行伍,而与西洋各文明国家共进退。"

福泽谕吉高喊的"脱亚入欧"论,其实就是主张"全面西化"。这种价值取向之所以能够在日本得到不同阶层的响应,原因就在于这个国家的传统文化缺乏深厚的根基,至今没有确凿的材料能够证明这个岛国在上古时代有独立的文明系统的存在。这就造成了日本文化一个很重要的特点——以学习他民族优秀文化为立国之本。日本是一个孤悬于太平洋上的岛国,在很长的历史阶段,几乎没有条件跟西方文明进行接触和联系。在历史上,向一衣带水的近邻中国学习,可以说是日本社会经济文化发展的重要途径,"遣唐使"的派遣以及他们在大唐帝国奋发学习对于日本在中古时代的发展起了关键性的作用。

---

① ［日］福泽谕吉:《文明论概略》,商务印书馆 1998 年版,第 27 页。

只是到了近代,原来的老师落后了,亚洲文化圈颓败了,于是改换门庭就成为顺理成章的事。拜欧美列强为师,走富国强兵之路,就成为渴望成为亚洲强国的日本举国上下的共识。正是由于这样的社会基础及由此催生的明治维新,在日本形成全盘接受欧美新事物的思想基础和社会氛围就十分自然了。英、法、德、美等西方国家成立的国家学术机构和院士制度,也理所当然地成为日本人的样板,他们在这一方面态度之积极、动作之迅速、效率之良好,很难在其他国家见到。日本民族在虚心学习别国优秀文化这一方面,可能在全世界堪称模范了。

那么,是不是可以说上面提到的"文化隔离"机制对于日本不起作用了呢?答案当然是否定的。每一个民族都有其安身立命的文化传统,尤其是那些历史悠久、积累深厚的民族文化,就像参天大树的根系,盘根错节的庞大系统只有深深扎在土壤里,才有可能吸收足够的水分和养料,保证主干部分的枝叶茂盛,并且为开花、结果直至为下一代种子的播散做好最充分的准备。所以,这类国家的传统文化往往既自成体系又博大精深,但这样的原发优势对于外来新生事物的接受就显得较为被动缓慢,顾虑重重、患得患失的心态一般会贯穿始终,并在很多情况下产生舍本逐末的结果。反过来,像日本这类文化积淀不那么丰厚的国家,善于学习也就在习惯成自然的过程中成为民族文化的重要内容,在民族发展史的演变中慢慢转化为一种传统、一种集体心理。这样,这类国家就不会扎起严密牢固的文化藩篱,对于外来新生事物的接受表现出强烈期待、热诚欢迎的态度也就习以为常了。这就是国家学术机构和院士制度在传播过程中所发生的较为特异的案例给我们的启发。

还有一个案例就是中国的国家学术建构和院士制度的建立与健全的复杂性。1927年4月17日,国民党元老、著名教育家及故宫博物院创建人之一李石曾,提议设立中央研究院,并推举李石曾、蔡元培、张静江共同起草中央研究院组织法。当年11月9日公布的《中央研究院组织法》明确宣布,"中央研究院直隶于中华民国国民政府,为中华民国最高学术研究机关",并提出研究院准备在自然科学、人文科学和社会科学领域设立14个研究所。为了落实组织法提出的目标,时任大学院院长蔡元培,在11月20日邀请30位学者召开中研院筹备会暨各专门委员会成立大会。会议决定先着手建立理化实业研究所、地质调查所、社会科学研究所、观象台这四个研究机构,并推选出各研究所的常务筹备委员,立即展开具体的筹建工作。

1928 年 4 月 10 日颁布的《修正国立中央研究院组织条例》，确定中央研究院"为中华民国最高科学研究机关"，把"实行科学研究，并指导、联络、奖励全国研究事业，以谋科学之进步，人类之光明"作为办院宗旨，随后又特任蔡元培为院长。6 月 9 日，中央研究院在上海召开第一次院务会议，并正式宣告成立。但是在近 20 年的时间里，由于内战、抗战等时局的原因，中研院并没有建立院士制度。在蔡元培担任首任院长的 12 年时间里，中央研究院在南京、上海等地建立了 10 个研究所，这些科研机构是由原来的理化实业所、社会科学所、历史语言所、地质调查所及观象台与自然历史博物馆扩建演变而来。抗战时期，中央研究院及其下属各研究所，为了避免遭受日寇的野蛮摧残，西迁云南昆明、广西桂林、四川李庄等地，直到抗战胜利才重返南京、上海，继续开展科学研究。1948 年 3 月中央研究院开始启动院士遴选工作，结果共选出 81 人为第一届院士，同年 9 月第一次院士会议在南京举行，中央研究院的院士制度正式建立。就在这个时候，中国国内形势发生了天翻地覆的变化。在这样的关键时刻，中央研究院及数学、历史语言所的大部分人员和设备迁往台湾。当选为第一届院士的 81 学者中，随中研院去台的只有傅斯年、林可胜等 7 人。其余都留在大陆各研究所，成为 1949 年 11 月新成立的中国科学院的科研骨干，这部分未去台湾的第一届中研院院士，在过了几年后大都成为中科院的学部委员。

随着中国科学院的成立并开始承担国家学术机构的职责，迁到台湾去的"中央研究院"由于多数院士以及由第一次院士会议选出的第三届评议员 32 人大多留在大陆或移居海外，在台的院士和评议员的实际人数，不能满足召开新一届院士会议的法定要求，院士会议和评议会无法召开，因此"中央研究院"在这段时间只能陷入半停顿的状态。1954 年，经朱家骅多方奔走，终于在台北南港购得一块土地营建院区，植物研究所也恢复建制。第二年又成立了近代史研究所及民族研究所筹备处。后来经过多方反复协商，最后用"以报到登记人数为实有全体人数"的方法为法定人数的基数，经过这样的通融转圜，第二次院士会议和第三届评议会首次会议在 1954 年 4 月 3 日召开。此后在台的"中央研究院"开始进入正常运转，经过这 60 年的发展，"中央研究院"在各个方面日趋进步与完善：新的科研机构陆续增加，科研力量逐步充实，研究成果不断增加，在台湾的经济社会发展中的贡献也显得越来越为重要。

中国共产党对于科学研究和科技教育同样予以高度的重视。抗战时期，为了适应新的形势,培养一批具有专业知识的科技干部,促进边区与全国的科学技术事业的发展,1939 年 5 月中共中央决定建立延安自然科学研究院。1940 年 1 月,为了适应形势的需要,特别是为了促进陕甘宁边区经济建设的发展,并为未来的新中国培养一支科学研究队伍,中央决定将延安自然科学研究院改为延安自然科学院。改建后的延安自然科学院,既是全国抗日根据地自然科学教学的最高学府,又是开展自然科学学术活动的中心,边区各学科的学会领导机构都设在这里,许多研讨会和学术报告都在这里举行。担任院长的徐特立同志大力提倡学术自由,积极组织学术讨论。根据徐特立院长的意见,全院师生把教学科研和边区的经济建设实践密切结合起来,他们采取多种形式,在边区的经济建设中发挥了很好的作用。虽然延安科学院承担了学术研究管理和科技教育的双重任务,还不是严格意义上的科学研究机构,但这一举措充分说明中国共产党人积极关注自然科学教育和研究的预见性和明智性,即使在延安时期这种特别困难的情况下,也能保持奋发图强的坚强意志和卧薪尝胆的吃苦精神,确实具有领风气之先、开历史先河的重大意义。

1949 年 3 月,刚刚进驻北平的中共中央,在谋划渡江战役、筹备开国大典的同时,在百废待兴的非常时期就酝酿中国科学院的筹建。1949 年 10 月 19 日,中央人民政府任命了以郭沫若为院长的中科院领导班子。同年 11 月 1 日,中科院开始在北京办公,这一天就被定为中国科学院的成立日。11 月 5 日到 12 月 21 日,新成立的中科院接收了原北平研究院总办事处,以及原属该院的六个研究所,还有静生生物调查所和西北科学考察团。1950 年 3 月 21 日到 4 月 6 日,又在上海接收了原属中央研究院的 4 个研究所和 2 个研究所筹备处,以及北平研究院设在上海的 2 个研究所和该院物理学研究所在上海的结晶学研究室。1950 年在南京接收了中央研究院办事处和 5 个研究所以及中国地理研究所。至此,中科院对原中央研究院和北平研究院所辖的研究所接收完毕。①

由此可见,中国科学院是在原中央研究院及北平研究院的基础上建立的,因此中科院和中研院就是同一根脉、同一主干的一棵大树,只是随着时代的变迁和春风雨露的润泽,原有的树枝生出来的新枝条不断茁壮成长,这棵大树就

①　参见樊洪业《中国科学院编年史·1949—1999》,上海科技教育出版社 1999 年版,1949、1950篇。

长得更加根深叶茂、花红果香。"中央研究院"迁到台湾的那部分,在科学家们经历了各种艰难困苦之后,随着局势的稳定和经济的发展,也迎来了玉汝于成的新天地。这就像用扦插的方式进行植物的繁育一样,从母体上分出来的枝条插到了合适的土壤中,它又一次生根长叶、开花结果,很快又长成一棵充满勃勃生机的大树。

当然,今天的现实已经清楚地告诉世人,中国科学院、中国工程院和中国社会科学院是国家最高学术机构,而"中央研究院"已经不再具备这样的职能,它只是台湾地区的学术机构,这样的格局是历史的安排,谁也没有办法否认和改变。今天海峡两岸都致力于继续开创和平发展的新局面,为两岸民众谋福祉,为中华民族伟大复兴做出更大贡献,已经成为两岸同胞广泛认同的政治共识。在这样的历史潮流之中,以中科院和"中央研究院"为代表的科技界、学术界应该继续保持相互良好交流的势头,在两岸大交流的局面持续巩固和发展的背景下,进一步扩大科研人员的往来规模,争取设立更多的科技交流平台,拓展同行之间科研协作的专业性、学术性深度。这样,两岸科技界、学术界就一定能够为中华民族的繁荣昌盛奉献更大的力量。两家科研机构在国际上的学术活动中,可以参照国际奥委会的做法,用"一国两院"的方式形成相互尊重、相互支持的良好局面,在繁荣科学研究和学术创新的大目标下,在新的高度实现民族团结,为促进人类文明的进步携手奋进。

由于特殊的政治原因,"中央研究院"和中国科学院作为国家学术机构体现了继往开来的传承关系,作为具体的科学研究实体又有着同根同源、血脉相连的历史纽带维系着。这就说明了国家学术机构和院士制度既和政治有着不可分割的关系,又有科学研究的相对独立性。如果一个国家的政治清明、时局稳定、经济繁荣,国家学术机构和院士制度就会在良好的社会环境保障下顺利发展,各个领域的科学研究就会乘风破浪勇往直前。反过来,战火兵燹、政治动荡、自然灾害等各种灾难必定会给科学研究和学术事业带来剧烈的冲击,有时甚至会造成毁灭性的打击。在这种灾难降临的情况下,真正的科学家不能采取消极躲避的态度,鸵鸟式的做法不但无济于事,反而会使坚强的人变得软弱,勇敢的人变得怯懦,明白的人变得糊涂。只有像孟子所说养浩然正气,坚持"富贵不能淫,贫贱不能移,威武不能屈"①的大丈夫气概,才能走过艰苦岁

---

① 《孟子·滕文公下》。

月,最后迎来光明灿烂的艳阳天。可见,复杂动荡的政治局势、战火纷飞的艰难时世和泰山压顶的自然灾害,都会对国家学术机构和院士制度的建设造成极为不利的影响,而克服这些困难和灾祸的最好办法,就是依靠人民的力量、正义的力量和人格的力量,这对于个人战胜各种各样的灾难,对于国家学术机构和院士制度平安度过动荡年代来说是最根本的途径。

第三章
知识创造和智慧开发的先行者

　　院士群体通过自己的创新创造，不但为人类生产生活的效率与质量的提高做出了极为重要的贡献，而且以自己的聪明智慧丰富了人类的知识宝库，在探索世界、改造世界的创造性实践中有效地充实、更新、拓展了人的聪明智慧，成为人的本质力量不断提升的重要途径。人类社会之所以能够在日新月异的持续发展中不断进步，很重要的一点就是在进化的过程中否定了一般动物由遗传所获得的生存本能，人类把大自然所给予动物的那些固定化了的本领和能力，通过质变的飞跃，变成探究和学习的本能。这种"非特定化生存"对于人类来说，关键就在于获得了相对意义上的摆脱自然界束缚的自由，并且通过社会实践把人类的发展欲望、现实条件和斗争意志烙印在对象世界中，一步一步地改变了客观世界的面貌，原初的自然被改造成为"人化的自然"，人类把自己生存的世界打造成为一个"人造世界"。

　　人类之所以能够取得如此伟大的发展，一个很重要的原因就在于知识的积累和传承：每一代人都把自己在认识世界、改造世界的社会实践中得到的经验、体会，尤其是那些经过实践的检验被证明具有真理品格的知识，运用特定的方式传授给下一代，使后人可以站在前人已经到达了的终点线起跑，由此出发向新的目标迈进。正是艰苦奋斗的社会实践，不但使人类的生存环境得到了天翻地覆的变化，同时还使人的聪明智慧获得了巨大的发展：从石器、青铜器、铁器等手工工具的制造和使用，到机械、电器乃至卫星、飞船的问世，直至信息时代出现的以电脑、互联网及大数据、云计算为代表的人工智能的出现，人的聪明智慧从手的灵巧促进脑的发展，到工具的使用延长与拓展了人的四肢，直至电脑和网络开始部分取代了人脑的工作，人的本质力量重要组成部分的探究力及其具体表现形式的聪明智慧，得到了相应的发展。作为社会实践的主体,人的本质力量同样在改造自然的过程中,得到了持续不断的拓展与提升。在人类聪明智慧的持续发展和知识体系不断充实的过程中,一切做出过重要发明创造的杰出人才都是走在历史进程最前面的领路人,院士制度的诞生和院士群体的形成,则进一步彰显了院士在智慧的传承、开发与传播这一系列活动中所发挥的重大作用。

一、智慧的不同类型及人类的学习活动

1. 三种最具代表性的人类智慧

正因为聪明智慧是人类社会发展的最重要动力,所以如何增加个人以及族群的知识积累、完善自己的知识结构,就成为每一代人的永恒课题。求知若渴的愿望可以说是人类近乎本能的欲望,就在社会生活中激励着人类把生命的全部力量投入到寻求知识的求索活动中去。这并不是说各种知识的稀缺,反过来倒是揭示了人对未知世界的无限性与个体生命的有限性之间的不可调和的矛盾冲突潜在的然而又是永恒的认识与无限追求,正如庄子在《养生主》中所说的,“吾生也有涯,而知也无涯,以有涯随无涯,殆已”。为了对待这样一个无法回避的残酷事实,人类一方面运用宗教的方式去掌握世界,也就是用顶礼膜拜的方式虔诚地信仰自己所创造的彼岸世界,用神的万能去对付未知世界的无涯,由此消除内心世界的恐惧与焦虑;另一方面就是在实践中不断地探索外在世界,在一步一步地深入探究中拓展人的知识体系,把已经掌握的知识、技艺作为开拓新的知识视野的基础,用族群的世世代代繁衍的无穷性去拯救个体生命有限性的困厄与无奈,就像《愚公移山》的寓言所说的那样,“虽我之死,有子存焉;子又生孙,孙又生子;子又有子,子又有孙;子子孙孙无穷匮也”。在这样的知识传承与拓展中,每个民族每一时代必然会涌现出一些聪慧睿智的杰出人士,这些杰出人才以大无畏的学术勇气,强烈的求知欲望,坚定的信念意志和较为科学的方法,持续不断地向新的未知世界进攻,坚韧不拔的攻关过程中,经过无数次的理论推导、科学实验和技术创新,在经历了许多挫折、失败的考验之后,克服了无数艰难险阻,在崎岖的小路上勇敢攀登,终于攻克了新的知识的堡垒,登上灿烂辉煌的时代顶点。他们所表现出来的先锋作用,在特定民族乃至全人类智慧发展中起到了十分重要的推动作用,关键在于这些人具有这样的特点,他们往往能够运用超越常人的智慧、经过实践检验的经验和

愈挫愈奋的顽强意志,在探索未知世界的过程中把前人已经获得的知识、技能和方法推向新的高度。如果没有这样一些杰出人物,我们还会在黑暗中摸索得更久。

在人类认识未知世界的漫长征途中,每一个地区、每一个民族的人们都做出了积极的贡献。为了过上更加有利于人生存和发展的生活,各民族的人们总是根据特定的自然环境以及在这一基础上形成的生产生活方式,通过勤奋的劳动、艰苦的探索和认真的思考去开发人们的思维能力、探究能力、建造能力和想象能力,以百折不挠的精神力量去提升群体智慧水平。在提升智慧水平、拓展知识体系的过程中,有些民族的人们在这方面的贡献较为突出,他们在实践中表现出来的聪明智慧,以及由此形成的知识体系,对于人类文明的发展产生了十分重要的实际作用与相当深远的历史影响。从西方的智慧传统来说,有两个最为重要的源头值得高度重视。这就是古希腊的雅典智慧与古代犹太人的耶路撒冷智慧。

古希腊的雅典智慧最突出的成就表现在对于逻辑与科学的探索上,尤其是对于事物本质的寻根究底的深入研究,以及与此相关的各门科学的初创,主要的都是起源于古希腊的先哲和智者。我们今天所熟悉的哲学、历史学、逻辑学、政治学、诗学、伦理学,以及数学、物理学、动物学、医学还有造船、航海等各种生产技术,都是雅典智慧所深入探索的知识和技术领域,而且都取得了极为重要的成就。古希腊的哲人先贤汇集而成的灿烂群星中,像德谟克利特、赫拉克利特、毕达哥拉斯、伊壁鸠鲁、希波克拉底、苏格拉底、柏拉图、亚里士多德等著名学者,就是以自己璀璨的智慧在不同领域建立了探索事物奥秘的伟大功勋,他们的英名直至今天还被全世界的学者所铭记,因为他们在自己所钻研的学术领域中都做出了开创性的贡献,正像 19 世纪俄罗斯著名作家车尔尼雪夫斯基在评价亚里士多德时所说的那样,他"是第一个以独立体系阐明美学概念的人,他的概念竟雄霸了二千余年"①。古希腊许多大师哲人都在不同程度上具有这样重要的学术地位,这是雅典智慧之所以能够对人类文明发展产生如此长远影响的原因所在。

雅典智慧还有一个非常重要的特点,就是力求对事物的认识形成条分缕析的清晰性,这样的逻辑思维能力和方法的形成与确立,就把人类所面对的混

---

① 　车尔尼雪夫斯基:《美学论文》,人民文学出版社 1957 年版,第 129 页。

沌朦胧的未知世界,提供了分门别类加以认识的可能,开始了知识体系的结构性组织的创设,为后人更深刻地把握世界提供了极为重要的方法论和范畴论的基础。此外,雅典智慧还较为充分地体现了人类探究力的执着与坚韧,为了真正认识世上各种各样的事物,古希腊的学者都有打破砂锅问到底的探究精神,就是作为研究者来说,总是要求透过对于客观世界的表面现象,尽最大努力去探寻它的本质与底蕴,力求得出一个明确并且有深度的答案。虽然由于当时的知识水平和研究方法还有许多局限,他们对于事物本质的认识有不少方面还停留在较为简单的水平上,甚至还会有一些错误的结论,但是,他们作为开拓者的勇气和渴求认识事物本质的坚毅,充分显示了学者的睿智和哲人的风范。由于他们在探索客观世界奥秘的过程中表现出来的坚持不懈的决心和穷尽根底的精神,对客观事物进行冷静的科学分析和高屋建瓴的理论概括的方法,这些都通过探究的力量、具有独创性的途径和思维模式,极大地提高了人类认识世界的能力,并且通过知识内容的充实和学科门类的创设,积极提升了人类的智慧水平。这就是雅典智慧对于人类知识传承和智慧拓展所做出的历史性贡献。

古代犹太人开创的耶路撒冷智慧,也是人类智慧体系的宏大结构中十分重要的组成部分。跟雅典智慧不同的是,耶路撒冷智慧更多地和信仰与道德有关。从智慧的形成与发展的历史来看,耶路撒冷智慧在早期更多地涉及人在超验世界中的地位,关注人与造物主和人与人之间的关系。它所探索的一个十分重要的问题就是人类群体怎样才能更好地生活在一起。这种智慧的核心是对天道的探究,对人道的关心,深入研究天道与人道如何能够在更为广阔的世界与更加深邃的程度上达成谐和。耶路撒冷智慧具有较高的人学意义,它把人看作参与者,是在天与人互动中的局中人。耶路撒冷智慧的经典文献或者说具有代表意义的《十诫》,它的理论的指导思想都对人的道德义务提出了明确的要求,明确要求人们去恪守。有论者认为耶路撒冷智慧跟雅典智慧相比较,前者更多地侧重于信仰的力量,后者却更为重视科学的精神。

耶路撒冷智慧的一个显著特点就是以信仰为依托的道德追求。从伦理学的意义说来,道德就是指导处理人际关系基本规则的信条与学说,在耶路撒冷关于道德的基本规则是来源于人对造物主的信仰,人们按照神的旨意生活。这样的信仰引领人类的伦理范畴,它就是来源于人对神的信仰,而不是建立在科学发现或者数学计算的层面上。只有这样具有绝对命令性质的道德规范,才是真正引导人们生活的最高准则。如果没有这种建立在信仰基础上的道德智慧,人类就缺乏分辨真善美和假恶丑的能力,就会陷入迷蒙和罪恶而不能自拔。可见,耶路撒冷智慧把信仰作为道德的本源来尊奉,因为没有道德,人活着就是行尸走肉,科学探索和发明创造因而也就没有重要的价值与特别的意义了。而这就是耶路撒冷智慧的根本任务,就是要通过寻找并践行符合神的旨意而组织的政治生活以及与之相适应的政治秩序的文明准则。耶路撒冷智慧就这样凸显了道德与信仰的根本性,这就是这一智慧类型的精华与特色所在。

对于人类的知识创造和智慧开发,我们中华民族的祖先们同样做出了伟大的贡献,在人类知识体系的耿耿星河中,中华智慧发出的耀眼的光辉长久地照耀着历史的征程。当然,由于特定的生存条件的制约,以及由此形成的生产方式和生活方式的民族特性,跟古希腊雅典智慧和古代犹太人的耶路撒冷智慧存在着一定的差异一样,古代中华智慧也有自己的特色,尤其是在文化交流还没有达到充分发达的古代更是如此。

以农业文明为核心的中华古代智慧和知识体系的一个重要特点就是重视实践。这是由于以农耕为主要生产方式的中华文化核心圈,天时变化往往决定着收成的好坏,由此形成了靠天吃饭的依赖性。由于无法掌握天气的变化,人们只能把主观能动性的发挥更多地落到自己的努力上面,喊出"人定胜天"的口号最根本的意义就在于激励人的奋斗意志。于是,精耕细作、辛劳勤勉就成为古代中国人最看重的劳动态度,长期而且普遍的行为方式逐渐积淀为民族的文化心理特征,这样,高度重视实践就在日积月累的坚持中成为行为准则和思想传统。对于中国古代哲学家来说,深入把握知行关系就成为他们特别重视的智慧命题,由此形成的思想体系也就体现出偏重行为、重视实践的理论特色。孔子说,"知之者不如好之者,好之者不如乐之者"。这里所说的"乐之",就是乐在实践之中,在具体的实践过程中通过智慧、技艺、想象和意志的顺畅发挥而获得乐趣,孔子对于"六艺"的重视,也包含着在具体的行动中实现自我、享受生命的意思。所以李泽厚先生用"实用理性"这一概念来概括中国古代智慧的特点,应该说是很有见地的。李泽厚先生指出:"实用理性正是这种'经验合理性'的哲学概括。中国哲学和文化特征之一,是不承认先验理性,不把理性摆在最高位置。理性只是工具,'实用理性'以服务人类生存为最终目的,它不但没有超越性,而且不脱离经验和历史。……'实用理性'使古代中国的技艺非常发达,但始终没有产生古希腊的数学公理系统和抽象思辨的哲学,所以,它在现代遇到了巨大的挑战。但也因为它的实用性格,当它发现抽象思辨和科学系统有益于人的时候,便注意自己文化的弱点而努力去接受和吸取。"①可见,古代中华智慧的探索方向主要不在于理论体系的建构,不在于运用严密的逻辑思辨深刻阐释自己的思想观念,而在于强调言行一致、知行统一的行为要求与人格修炼,努力把学说的真谛与身心的修炼统合起来。于是,中国古代智慧的实践特性也就成为一个十分显著的特点。

由于中华智慧的基本立足点在于实践经验,由此形成的知识体系往往建立在对经验的反复检验和体会的基础上,由此表现出来的思维形式就不那么讲究论证上的精细严密,也不太重视表达方式的条理性与系统性。这种注重在生活的具体展开过程中的实证,也就更多地偏重于直觉的体验,这也就成为中华智慧在思维方式和表述形式上的一个特点。这种重直觉的智慧类型,跟雅典智慧重逻辑思辨、耶路撒冷智慧重信仰的特点确实有所不同,但这种区别主要表现在关注的问题和运作方式的差异上,各有侧重也各有所长。在中华智慧重直觉的运作过程中,最重要的一点就是强调对现实生活的体验,用心观察,反复审视,感悟其中的奥妙,久而久之,越来越多的感受、体验和心得,就会在量变的基础上转化为质变,日常经验在融会贯通的过程中产生升华,原有的种种困惑就会顿时豁然开朗,以前的个别经验就会在形成飞跃的过程中上升为带有一定普遍意义的知识。当然,这种依靠所得所悟而总结出来的成果,一般来说缺少完整的思辨过程和严密的逻辑结构,更多的是心灵的闪光和思想的火花,在表现形式上也就很难形成系统的思想体系和理论成果。中国古代哲人通过直觉思维所得到的智慧结晶,成为人类智慧独立自在的类型,它对于人类的知识创造和智慧开发的影响同样是深远而重要的。

中国古代智慧另一个重要的特点就是重道德。正是由于对于实践的重视,个体的践履也就偏重于个人道德修养及其行为表征,虽然某些学派对于生产劳动的实践不予重视,但是从理论的更深层面上来看,只是对于具体的行为内容给予了高低贵贱的不同对待,而对行为本身的重要性并没有忽视,因此在理论内涵的层面也就间接地包含了对于实践活动的认同与肯定,虽然这一点在儒、道、墨三家表现出不同的思想观念和理论倾向。正是从这一点出发,中

---

① 李泽厚:《实用理性与乐感文化》,上海三联书店 2008 年版,第 285 页。

国古代智慧从本质上讲更侧重于人的道德，可以说是一种道德哲学。这样的智慧把关注人们心性修炼与人格完善作为人生最重要的目标来追求，而由此形成的诸子百家尽管对于道德的关注程度有所不同，但都有相当的内容讨论人的行为准则、人品养成和人性追求，或者是人际关系的和谐与社会运作的有序。无论是儒家明明德、亲民、止于至善这三条基本纲领，以及格物、致知、诚意、正心、修身、齐家、治国、平天下八个条目；还是道家主张的修道积德，如老子提出的道生化宇宙万物而无处不在，德成就众生而无所不能，修道积德，止于至善；抑或是另一个在中国智慧中产生重要影响的墨子，墨子的人格精神得到了很多思想家、政治家的高度赞扬，他所倡导的大公无私、言行一致、劳身苦心、热诚救世、锄强扶弱、为正义赴汤蹈火等各种优秀品质，作为重要的文化基因融入中国传统文化之中，成为鼓舞仁人志士积极向上的精神动力。可见，中国古代哲人都把道德实践视为人生的第一要义，他们从不同的角度强调，通过自觉的道德追求，能够提高个体的道德修养，从而达到人与人、人与社会以及人与自然的良性互动，最终达到和谐共生的境界。中华智慧高度重视道德实践的传统，同样为人类智慧和知识体系的丰富多样做出了积极的贡献。

　　雅典智慧、耶路撒冷智慧和中华智慧，虽然对于世界和人类自身的认识表现出不同的侧重点，有一些思想内涵与表达显示上的差异，三者之间或侧重科学，或侧重信仰，或侧重道德，但是它们都是人类极为宝贵的精神生产的伟大成就，并为人类知识体系的发展提供了肥沃的土壤和强大的动力。这三种智慧类型之间是一种高度互补的关系，对于人类的生存和发展都在不同的方面发挥了极为重要的推动作用。人类在探究世界、认识事物本质的时候离不开逻辑与科学，在认识自身、驾驭心灵的时候离不开信仰，而在处理人际关系、安排社会秩序的时候却离不开道德。雅典智慧是探究未知世界和认识事物本质的智慧，耶路撒冷智慧则是信仰造物主创世并由此使人的灵魂有安身立命之所的智慧，中华智慧却是高度重视用最为妥善的方法处理现世社会良好运作的智慧。三种智慧的核心就是在认识世界、认识人类无穷尽的过程中开展创造性的实践活动，并因此促使人类在更高的水平和新的广度与深度上去把握未知世界，在探索外在世界的同时也要积极探索人存在的本质意义，在提高物质文化享受的同时，不断深化对于生命意义的求解，并由此探寻更为美好的生存之道。今天的科学研究既要探索外层空间的月亮、火星，也要探究物质内部的质子、中子等微观构成，而不可忽视的是对于每一个人的正当的生存权利、自我实现的机会和人的自由、尊严与价值等人权保障,还需要让人们的心灵能够在纷繁复杂、热闹喧嚣的社会中,能有一片诗意栖居的净土。人类在生存权、财产权、选举权得到基本满足的同时,还需要有广阔无垠的精神世界以满足人们的思想情感、想象能够有天马行空般的自由。这样,人类历史才会在承续前人获得的智慧和知识的基础上涌现出新的智慧,创造出新的生活。

2. 学习是继承和发展智慧的根本途径

院士就是继承人类智慧、开拓新的知识的领军人物,就是探索客观世界和内心世界的先驱。任何人想要在有限的生命中做出超越个体生命的贡献,他就必须尽力把前人遗留下来的知识学到手,只有掌握了丰富而又深刻的间接经验,才能使自己成为有智慧的人,才有可能站到前人的肩膀上继续向上登攀,成为有所作为、有所成就的人。学习知识本身是人类超越一般动物最重要的优势,谁能把这个优势发挥到新的极致,谁就能够在最大限度上达到自我实现的目标,也就必然会对人类做出较大的贡献。这是任何人成才之道和成功之道,也是每一个院士的共同经历。用全部的心智学习知识,全身心地投入到继承—创新的伟大使命中去,这是成为大科学家、大思想家、大艺术家的必由之路。

各国的院士群体都是最善于学习的群体,每一个当选院士的人都是学习的模范,他们为汲取前人留传下来的知识,可以说都有类似"头悬梁、锥刺股"那种废寝忘食、夜以继日的勤学苦读的经历,而且往往从小就养成了良好的学习习惯和学习方法,在知识的海洋里尽情遨游才有可能到达成功的彼岸。

数学大师华罗庚就是这样一位勤奋学习的模范。作为中国科学院院士,华罗庚在数学上的成就得到世界的公认,美国芝加哥科学技术博物馆把88位数学家列为古今数学伟人,其中就有华罗庚的英名。华罗庚家境贫寒,但学习却十分努力,上初中时,有些老师和同学没有发现他的才华,认为他"平庸无能"。他发下誓言,一定要通过勤奋学习获得优异成绩来回击别人的偏见。于是,华罗庚把全部精力都投入到学习中去,尤其是他最喜欢的数学,简直就像着了魔似的沉醉在数学王国里。可惜初中还未毕业,因为养家糊口的需要,就只能辍学去当店员。但他却对数学产生了更为强烈的兴趣,辍学之后,更懂得用功读书,脑袋里装满了数学公式,解数学难题成为最大的乐趣。白天,他连走路时都在思索着解题方法;夜里,他守着小油灯不知疲倦地演算数学题。为了挤出时间学习,他清晨就起床,当隔壁邻居早起开始做豆腐的时候,华罗庚已经在油灯下看了一阵子书了。夏天的晚上,他不顾屋子里的闷热和蚊子的叮咬,坚持在小店里学习。三九寒冬,他把砚台放在脚炉上,以免零度以下的室温把蘸着墨汁的毛笔冻住。过年过节,华罗庚也不去走亲访友,而是在家里埋头读书。就这样,华罗庚在数学学科的崎岖小路上一步步攀登,在攻克了一座又一座的险峰之后,终于登上了光辉的顶点——1930 年,华罗庚撰写的数学研究论文《苏家驹之代数的五次方程式解法不能成立的理由》在《科学》杂志上发表,清华大学数学系主任熊庆来教授发现这位只有 21 岁的年轻人,依靠自学成才已经在数学研究方面取得了重大的学术成就,并真诚地聘请他到清华大学来任教。这样,华罗庚终于离开了杂货店的暗室,到清华大学担任数学系教师。这是华罗庚人生中最重要的转机,在清华这块精英汇聚的宝地上,华罗庚的数学生涯从此翻开了崭新的篇章。

1936 年,26 岁的华罗庚由清华保送到英国留学,拜剑桥大学数学首席教授哈代为导师学习数学。根据剑桥大学当时的规定,他只要在一年时间内专心研究一个问题,就可以获得博士学位。但华罗庚把学习知识放在第一位,作为访问学者同时攻读七八门功课。在剑桥大学的两年中,华罗庚就针对当时国际数学研究的前沿问题,写出了 18 篇论文,先后发表在英、苏、法、德及印度等国的学术刊物上。按照这些论文的学术水平,每一篇论文都可以获得一个博士学位。他提出的一个理论被数学界称为"华氏定理",改进了他的导师哈代的结论。虽然华罗庚在剑桥从未正式申请过学位,但他的学术成就早已达到了评审院士的要求。

跟华罗庚是在自学成才的道路上艰难跋涉,最终登上了科学研究的光辉顶点的学习经历不同,著名核物理学家、两弹元勋与中国科学院院士邓稼先,通过刻苦学习,最终掌握了丰富的科学知识,并且为祖国的强大做出了伟大贡献。他们在学习的道路上走的虽然是不同的路径,但把青年时代生命的全部力量投入到学习中去,依靠知识的力量从事研究和创新,却有异曲同工之妙。

1924 年 6 月,邓稼先出生在安徽省怀宁县的一个书香门第。第二年,母亲把他带到北京。此后,他就在担任北大、清华哲学教授的父亲身边长大。从小聪颖睿智的他 5 岁就上小学读书,父亲的悉心指导,帮助他打下了扎实的中外文化基础。1935 年,他 11 岁就考入志成中学。1937 年北平沦陷后,邓稼先在父亲安排下,跟着他的大姐到大后方昆明继续中学学业,并于 1941 年考入西南联大物理系。虽然是在战火纷飞、生活艰难的抗战岁月,邓稼先的大学生活却十分充实。他高度关注国家的安危,同时用最优异的学习成绩,作为今后报效国家的资本。

邓稼先深知民族的复兴和国家的建设需要大量掌握先进科学知识的人才,正是怀着这样的信念,1948 年夏天,他考取了美国印第安纳州普渡大学研究生院。在美国留学的两年时间里,邓稼先一心扑在学习上,他以海纳百川的精神去拥抱科学知识,用最艰苦的努力和最严格的标准要求自己,一心一意充实报效国家的本领。1950 年 8 月,年仅 26 岁的邓稼先获得了物理学博士学位,他的勤奋努力和优异成绩受到人们的广泛称誉,大家称他为"娃娃博士"。就在获得博士学位后的第九天,邓稼先毅然告别了工作生活条件都更为优越的美国回到祖国,随后进入钱三强主持的中国科学院近代物理所从事核物理的研究。

20 世纪 50 年代初,为了确保中国的国家安全和国际地位,核武器的研究也就成为最重要的科研任务。这时,已经担任核武器研究所理论部主任和中国原子弹理论设计总负责人的邓稼先,通过举办"原子理论扫盲班"提高科研团队的核物理知识和理论水平,他亲自讲课、辅导,还组织同事们学习、翻译大批外文资料。为了运用学到的知识去完成制造核武器的神圣使命,他夜以继日地谋划研制原子弹的主攻方向。一个又一个研究方案被提了出来,又在深入的钻研与讨论中被推翻,经过反复的思考、分析和比较,最终他正确地选定了中子物理、流体力学和高温高压下的物质性质三个方面,作为攻关的主攻方向,并用算盘这样简单的计算工具进行无比繁重的数学计算。尤其是在原子弹总体力学的计算中,有些数据如原子弹爆炸时内部所要达到的大气压的数值,对于原子弹成功爆炸起着决定性的作用。为了解决这一难题,邓稼先带领一班青年人轮班进行紧张的计算,最后运用特性线法得出了突破性结论。这一结论后来被物理学家周光召从物理学的角度加以证实,成为在原子弹的研制中发挥了关键性作用的理论成果。1964 年 10 月,中国第一颗原子弹成功爆炸,邓稼先 35 年勤奋学习终于结出了最伟大的果实。次年,他又奉命率原班人与于敏率领的研究团队合作,开始了氢弹的理论研究任务,他们用科学态度和拼搏精神从事尖端武器的研制,用不到一年的时间就拿出了突破氢弹爆炸原理的新方案,使中国氢弹研制工作迅速向前推进,并在几年时间里取得爆炸的伟大成功。

上述两位院士的勤奋学习,在尽量广泛而深刻地掌握前人留传下来的知识的基础上,积极开展科学研究,努力探索未知世界,在对已有的知识体系进行新的拓展的同时,进一步充实了自己的智慧内涵,并由此提升了人类的智慧水平。同时,随着知识的创新,人们掌握了更多外在世界的内部规律,也就能够更有效地在高新科技领域展开应用性研究,许多能够更好满足人们过上美好生活要求的新的技术产品、新的生活方式和新的社会机制应运而生,人类文明也就在不断的学习中向前发展。世界各国一切有识之士、有为之人,无一不是学习的楷模、创新的先锋,而院士群体的出现,就是把这样一些善于学习、敢于探索、精于创造的精英们汇聚起来,通过这样一种激励机制,充分展示了人类学习能力随着历史进程的提升、优化与升华,从人类生理学的本能属性转化为最根本的人学属性,促使人类社会朝着"有所发现,有所发明,有所创造,有所前进"的发展目标奋勇向前。世界著名物理学家、诺贝尔奖获得者杨振宁博士作为邓稼先的好友,曾在悼念他这位相交半个多世纪的挚友时说:"邓稼先是中华民族核武器事业的奠基人和开拓者,邓是中国几千年传统文化所孕育出来的有最高奉献精神的儿子。"杨振宁教授在这里所指的"几千年传统文化"除了中华文化的家国情怀与奉献精神之外,还有中华文明在科学技术上为人类做出的贡献,还应该包括世界各民族所创造的知识和智慧。其实,这样的评价用在所有院士的身上同样是十分合适的。

二、院士在知识创新与传承中的重要作用

正是由于人类能够通过创造性的社会实践,不断总结认识世界、改造世界的改造经验,努力探寻客观世界的内在规律,并且能够运用特定的符号系统,依靠具体的物质媒介记录信息,把已经掌握的知识转化为具体的符号体系,由此形成了人类知识传承的根本途径。这一途径保证了人类在生生不息的繁衍中,每一代人都能够在前人已经获得的实践经验及由此生成的知识体系的基础上去探索新的未知世界,在知识积累的接力中为人类社会的永续发展奠定了最基本的条件。但值得指出的是,知识的传承方式又是十分复杂的,它不只是一种日积月累的增长,不只是数量上的扩充,还表现为人类在认识新事物、拓展新知识的过程中,对于看起来已经被人们把握的事物,甚至有些被视为规律性的东西,有可能会被在更深入的探索和研究中获得的新发现、新认识所打破,即使是那些经过社会实践的长期检验而被认为具有真理品质的知识,也会

在与时俱进的历史进步中受到挑战。事实已经反复证明,有不少曾经在一个相当长的历史时期定于一尊的思想观念、事物本质、技术经验,在人们的实践和认识向新的深度拓展的时候,或者由于原本产生这种知识的社会条件发生变化了之后,最终被新的经验和认识所取代。这就是说,人类知识积累的基本方式具有两重性:一是在与时俱进的累积中形成的无限性,从规模和数量来说,这是解决有限的个体生命与无限的未知世界之间不可调和的矛盾冲突的根本出路,也是人类知识体系的丰富性、开放性的基础;二是人类的知识积累具有一种否定性的特质,也就是说每一代人在继承前人流传下来的知识时,需要随着实践的深入和时间的延伸反复加以验证,当某些新的问题出现时,就需要大无畏的勇气去大胆地怀疑,当然只有在新的科学实验、生产实践和理论探索中确证了怀疑的正确性,才能最后推翻原来的结论,提出经过验证的新结论。也就是说,大无畏的勇敢精神必须和严谨的科学态度形成最高程度的统一,这样才能够真正为人类知识库增添更加逼近绝对真理的新内容。这是人类知识生产的基本途径,它包含着深刻的辩证法内涵,这就是列宁所说的事物发展螺旋式前进的基本思想。列宁说过:"人的认识不是直线(也就是说,不是沿着直线进行的),而是无限地近似于一串圆圈、近似于螺旋式的曲线。"①而这种累积与否定的相反相成的统一,具体说来主要通过经验的总结、信息的传播、挑战的发生和结论的更新来完成。也就是说,人类知识的生产大致包括接受、质疑、再生与传播这样几个主要环节。这些环节无论是从个体行为的角度还是从人类社会习惯来看,都具有循环往复、无穷无尽的特征,由此保证了人类在广阔无垠的未知世界面前保持永不懈怠的探索的勇气和创新的行动,才使人类的智慧不断发展,越来越聪明的人类也就在知识的引领下变得越来越强大。在知识生产的过程中,院士制度的建立所发挥的推动作用是十分重要的,院士个体所做出的贡献也是非常显著的。

1. 院士在知识接受过程的杰出表现

每一代人对于知识的接受都要通过两个基本途径,一是教育,二是实践。

教育是人类根据自己的本质特征所形成独特的生活过程,也是人的生活方式与动物的生存方式最为重要的区别。这种生活方式无论对于人类群体还是个体来说,都具有决定性的意义。从知识生产的根本途径来说,在具体的社

---

① 《列宁全集》第38卷,人民出版社1986年版,第411页。

会在实践中获得真知灼见是第一位的,但是生物人类学的基本特征决定了间接经验作为人们知识获得的极其重要性,通过充分吸收间接经验为人类创造活动的可持续发展提供了最根本的保证,也是人类在知识生产中能够根据客观条件的不断变化源源不断地获得能够适应各种变化的新经验、新知识的基本保证。这就是说,人类的知识生产之所以能够绵延不绝,正是依靠了间接经验的一代又一代的传承,才能形成知识海洋的无限性以突破个体生命的有限性。正如毛泽东在《实践论》中所明确指出的:"一切真知都是直接经验发源的。但人不能事事直接经验,事实上多数的知识都是间接经验的东西……所以,一个人的知识,不外直接经验的和间接经验的两部分。而且在我为间接经验者,在人则仍为直接经验。"①毛泽东同志在这里强调了这么一点,即"多数的知识都是间接经验的东西",这不仅仅是指个人的知识构成在数量上间接经验占有较大的分量,而且还包含着更深刻的意思,这就是间接经验对于人们通过社会实践去获取新的直接经验的某种基础作用。正因为如此,对于已经发展到今天这样的知识水平的人类来说,间接经验的接受就成为衡量个体或社会的知识体系广度与深度的一个最重要的指标,当然也是知识生产最终向创新升华的必要前提。所以,在人类知识生产的基本环节中,"接受"这一环节在整个知识生产过程中排在第一位则是毫无疑问的。

　　对于知识体系中的间接经验相关内容的接受,主要是指书本知识的学习。当然,如果从比较宽泛的角度来看,书本知识这一概念的内涵可以和间接经验等同起来,但是,在它的具体存在形式上说来,却又包含着十分丰富的历史意蕴:在人类尚未使用文字的史前阶段,口口相传是知识传承最基本的方式,因此也就不可能有严格意义上的书本知识,前人的间接经验都是通过老一辈向下一代口授得以流传的。这样一种知识传承的方式,决定了个体记忆力就成为原始游群及后来的氏族社会群体生存与发展的关键,而生存经验丰富并且具有较强的记忆力的长者,就成为这一地位显赫的教育者,这也就是教师这一职业的滥觞。当文字成为信息的载体之后,书本知识才真正进入实至名归的历史阶段,知书识字的人就有了一种文化上的崇高地位。或许他们作为教书匠在政治上、经济上并没有什么显赫的地位,但在文化体系中还是占有一席之地。中国古代礼制文化把"天地君亲师"排列在一起,教师成为人们顶礼膜拜

---

① 　《毛泽东选集》(第一卷),人民出版社1991年版,第287—288页。

的对象,从某种意义上说来,就是对知识的尊重,也就是对人类自身赖以生存与发展的历史经验和智慧结晶的敬仰。由于文字成为信息的载体已经具有漫长的历史,作为文字的物化形式的书本也就格外得到人们的重视。早期的文字是刻画在泥板、竹子等物质材料上,后来中国发明的造纸术和活字印刷等技术,使书本承载人类实践经验的功能得到了巨大的飞跃。尽管文字的呈现方式随着人类文化传播技术的进步发生了多种形式的变革,即使今天的互联网和数码技术可以不再依靠纸张与书本了,但是文字迄今为止仍然是知识传播的核心,所以把前人的间接经验称为书本知识仍然有着相当合理的内在依据。

正是由于书本知识的接受具有如此重要的意义,所以人类就把这一过程逐渐向着专门化的方向发展。上古时代人类社会对于下一代的知识传授大多是由巫师、官员等人兼职充任的,随着知识体系的内容不断增加,接受的难度越来越大,兼职人员已经无法适应知识传承在社会生活中举足轻重的历史要求,于是就有一些思想敏锐的学者,如中国的孔子、墨子,古希腊的苏格拉底、柏拉图等一批先驱,开始了私人招生授徒的创举,经过几千年的演变完善,终于发展成为当今世界组织严密、层次丰富、类型多样、方法先进的现代教育体系。就拿中国来说,数以千万计的专职教师在各级各类学校里从事着神圣的教育工作,还有许许多多业界精英以自己在特定行业里的知识和技能,担任学校的兼职教师,为学生的书本知识学习发挥着补充与拓展的作用。教育在人类进步中的决定性作用已经成为全人类的共识,这就为人类知识传承提供了最为优越的条件。

知识接受的另一途径就是实践。对于年轻一代来说,书本知识的学习绝对不可忽视,但是事物总有它的另一个方面,也就是知识接受不能仅仅局限在书本知识的学习,鼓励青少年努力运用学到的书本知识观察社会、参与力所能及的生产劳动,积极投身到科学实验与发明创造中去,对于正处于身体和心智成长过程的青少年学生来说,具有几个方面的重要意义:首先,通过自己的实践,就有机会用亲身体会到的感受和经验去确证书本知识中的真理成分,可以更加直接、更加真切地感受自然、了解社会,这样有利于更准确地理解书本知识,更深刻地领悟前人的间接经验,这对于知识的接受能够起到重要的促进作用,正像列宁所指出的,“要理解,就必须从经验开始理解、研究,从经验上升到一般"①。其次,通过参与必要的社会实践,在实践过程中直接感受外在世界与社会生活发生的变化,及时地了解客观世界的变化,有助于青年学生更好地领会"生活之树常青,而理论则常常是灰色"的至理名言,有助于他们用一定的批判眼光对待已经学到的书本知识,避免在苦读中蜕变成"两耳不闻窗外事,一心只读圣贤书"的书呆子。再次,鼓励青年学生参与社会实践,能够帮助他们培养灵活运用书本知识的学习方法,这不但有利于激发青年人创造发明的勇气,而且能够鼓励他们向更广阔的视野、更高级的层次上改进学习方法,拓宽并且优化思维模式,尤其在实践过程中培养起来的创新意识,对于创新精神以及创造性思维的形成具有很大的促进作用。

当然,学生时代的年轻人参与社会实践无论在时间上还是在要求上都应该做出合理的安排,如果过分强调实践对于年轻学生在学习过程中的作用,否定书本知识的学习的基础性和必要性,把两种学习途径割裂开来,甚至蛮横地对立起来,那就会走到事物的反面。20世纪六七十年代中国遭受"文化大革命"十年浩劫时,出现的一种被称为"读书无用论"的荒唐思潮,这应该是人类知识传承史上最野蛮的罪恶。在那个极"左"思潮横行的年代,人类文明的伟大成果一概被视为"封资修"黑货,"学工学农","批判资产阶级"以及所谓扫"四旧"、揪斗牛鬼蛇神成为学校教育的主要内容,一些认真读书的学生被带上"白专道路"的帽子,遭受到侮辱与迫害,"知识越多越反动"的荒谬言论一时甚嚣尘上。这种彻底违背人类知识传承基本规律,反科学、反人类的阴霾黑雾,直到粉碎"四人帮"才得以彻底扫清。这种堪称人类文明史上绝无仅有的闹剧,表面上以批判资产阶级为幌子,实质却是否定知识、否定文化的恶劣行径,它对青年学生与民族智慧的毁灭性打击所产生的教训,一切善良的人们都应该永远记取。

在书本知识的学习上,院士们堪称全社会的楷模,在接受前人留下来的间接经验的苦读中走在时代的前列。本书前面介绍过的华罗庚、邓稼先等院士既是中国知识分子刻苦学习的典型,也可以说表现了中外院士们在学习知识的过程中的共同特点,他们都用最大的努力想尽办法去接受知识,以最强烈的求知欲望和最坚韧的学习态度去读书。每一位院士在年轻的时候都有勤奋苦读的经历,他们既有"只要功夫深,铁杵磨成针"的毅力与恒心,又懂得"工欲善

---

① 《列宁全集》第55卷,人民出版社1990年版,第175页。

其事，必先利其器"的科学方法，还有"咬定青山不放松"的钻劲，最终达到了"庖丁解牛，游刃有余"的境界，打下了从事科学研究、技术创新和艺术创造的知识基础。可以这样说，每一个真正能够成为院士的人，他们不但在青少年时期全身心地学习书本知识，而且把这种学习作为自己一生的追求，许多人在获得了杰出的学术成就，已经戴上院士的桂冠之后，仍然在孜孜不倦地读书学习，仍然把知识的充实作为最重要的生活内容，真正成为"活到老，学到老"的学习标兵。院士们在学习上表现出来的拼搏精神、科学方法和钻研劲头，使他们最终能够到达知识创新和智慧拓展的理想境界，为人类的进步事业做出创造性的贡献。

2.勇于大胆质疑，促进知识创新

作为学习的模范，院士们在学生时代善于做学习的主人，在知识接受的过程中走在人们的前列，这是每一位有幸成为伟大的学者和专家的基本条件。但这还只是大有作为的良好开端，更为重要的是在虚怀若谷、好学向上的同时，又能够发挥自己的主观能动性，敢于对前人的成说提出自己的看法，用分析的态度、批判的精神对待书本知识的学习，积极开动脑子，努力在那些已经被人们普遍认同的理论、学说和观念中发现存在的问题，或者结合客观现实的发展变化，对那些不适应时代进步的陈旧知识提出质疑。这是人类知识生产更为重要的一个环节，如果一个社会只能在陈陈相因、垂垂老矣的知识框架中延续，把前人留下来的间接经验奉为永恒的经典，那么，这样的社会必然会陷入教条主义的桎梏而不能自拔，必然会在思想僵化、智慧退化、行动虚化的病态中走向衰退与灭亡。所以从这个意义上来看，在知识学习中坚持分析的方法，鼓励质疑的态度，用不断发展着的客观现实对前人留给我们的知识给予辩证的考量，根据不同领域、不同学科在知识积累与生产过程中的具体特点，分别采取具有针对性的科学态度，使人类知识的传承和创新进入更为合理、更为顺畅的快车道。

对于前人的研究成果提出质疑，可以说是新的研究工作的起点，往往也是发现事物更深层次的客观规律的第一步。在学术研究和发明创造的过程中，只有敢于挑战现成的知识和经验，不是把现有的科学知识作为绝对的信条，用那种类似宗教信仰的态度来对待它，把前人留下来的间接经验奉为圭臬，不能有一丝一毫的怀疑，更不容许提出挑战和否定的意见。这种做法实质上就是把人类在历史过程中累积起来的知识和经验，看作一个封闭、僵化的体系，绝对的尊重、盲目的服从,表面上看起来是以虔诚和膜拜的态度对待前人,其实,这样的做法就是在那种坐享其成的懒惰和怯懦中堵死了人类知识创新的前进道路,从根本上阻断了人类社会前进的步伐,这是对科学精神的亵渎和否定。尤其是在某种特定的历史时期,这种错误的态度在一个民族、一个国家成为占据主导地位的思想观念时,必然会使这个民族、这个国家陷入故步自封、僵化昏庸的境地,对于人的思想意识和社会实践所造成的危害往往是十分严重的。

对于质疑前人已经取得的研究成果的合理性、必要性,早在孔子的学说中已经露出这样的思想萌芽。孔子说:"学而不思则罔,思而不学则殆。"就是说,只顾埋头读书而不动脑筋思考,头脑就会陷入迷茫,从而受到书本知识甚至是那些一孔之见的蒙蔽;反过来,不认真学习而胡思乱想,由于没有从前人已经获得的间接经验出发,那就会劳心伤神而一无所得,甚至有可能误入歧途。这一论述辩证地阐释了虚心接受书本知识和积极开动脑筋进行深入思考的辩证关系,其实就是获取真知的正确途径。"学"就是要尽可能更加全面深入地继承前人的间接经验,而"思"则包含着敢于质疑现成的书本知识的重要思想。没有"学"就不可能站到前人的肩上继续向上攀登,如果这个时候去"思",很可能只是在前人已经解决了的问题中做重复的因而也是无意义的蠢事,也有可能是像发明永动机那种违背科学原理的空想;反过来,如果只是死读书,把前人的间接经验奉为一成不变的教条,没有认识到真理有相对性的一面,完全依赖以往累积下来的知识,不再用心去"思",最后只能使有用的知识蜕变成无用的教条,古人"尽信书不如无书"的教诲,就是针对这种只"学"不"思"提出的忠告。可见,只有在认真学习的基础上进行深入的思考,才有可能把前人留下来的知识放到不断发展变化着的客观现实中加以考察、检验,才能确认这些知识是否还符合今天的社会实际,是不是人们所遇到新的历史发展和自然现象,需要用新的理论加以阐明、分析。由此可见,积极开动思维机器,在尽可能完整地接受现有的知识的同时,必须用分析批判的眼光加以质疑,使人类知识创新活动得到持续的发展。

然而,明确质疑现成知识的重要意义,不只是为挑战现成知识体系中存在问题与不足提供理论上的支持。对于具体的知识创新活动来说,还要求创新主体具备相当的学术勇气和敢于战斗的批判胆魄,要求能够充分发挥个人的科学精神,以大无畏的勇气质疑已经站上高山之巅的权威,尤其是那些通过获得创造发明的巨大成功,已经在社会上享受崇高的威望的学术权威,面对他们所拥有的各种桂冠和光环,能否大胆指出他们所创立的理论体系还存在着一定疏漏、不足与问题,能否把那些具有新的拓展空间的可能性提出来,能不能跳出功名利禄等的社会压力的羁绊,甩掉患得患失的思想负担,那就不只是有没有勇气和胆魄的问题了,而起决定性作用的要素则是质疑者对于前人留下来的知识的接受和理解的广度、深度,还取决于由此形成的个人的学术功底及思维方法的科学性了。所以,敢于质疑现成的理论体系、创造成就和研究方法,从人类知识生产发展的总趋势来说,质疑就是相对真理在不断的积累、优化和完善的过程中向着绝对真理不断逼近的不可或缺的重要环节,是所有在科学研究、技术创新和艺术创造中一切有作为的英才所具有的共同品质。

值得注意的是,许多有重大建树的科学家、技术家和艺术家,他们往往把生命的全部力量都贡献给了学术研究、技术创新和艺术创造,对于自己已经取得并且得到社会认可的成就,并非把它作为人生的终极目标,而是随着年龄的增长、阅历的丰富、方法的改进所带来的研究的深入,有时就会发现自己以往的成就还有不完善甚至不正确的地方,还有进一步拓展的空间,更为困难的是在不断深入的研究中,感到自己原来的结论可能还存在着一些缺点和错误,而这些前期成果已经为自己挣得了荣誉和地位。敢不敢对自己的研究提出质疑,敢不敢通过进一步深入研究解决那些悬而未决的问题,这就是真正的学者英才与混迹于学术队伍的庸人小人的分水岭。如果能够毅然决然地指出自己的问题,承认以往存在的严重不足,把个人的名誉得失置之度外,不怕他人的挖苦讽刺,不怕陷入某种尴尬的境地,这就是一个真正的科学家、技术家和艺术家,也是一个真正大写的人所应该做的事。能够经受住这样的考验,那就在人格上战胜了自己,也是学术上产生飞跃的重要推动力量。质疑自己、挑战自己,把所有的一切都投入到研究和创新的伟大事业中去,为了人类社会的进步,个人的荣辱进退也就不在话下了。这样的例子,在中外院士群体中也可说是屡见不鲜。因为院士群体正是这样的英才,他们在学术、技术和艺术道路上所以能够做出重要的建树,就在于他们都具有质疑现成知识包括质疑自己的胆魄和勇气,都能够冒着很大的风险挑战权威和大师,他们的可贵之处首先在于通过质疑的途径去促进人类知识生产的向前推进,正是这样一种具有重大意义的品质、勇气和能力,才保证了人类所掌握的知识在生生不息的创新中形成几何级数增长的态势,院士的光荣也正是建立在他们所发挥的前驱和中坚的伟大作用的基础之上。

3.向着更广阔的空间和更长远的时间传播知识

院士群体在知识创新中还发挥着另一个十分重要的作用,这就是他们都自觉承担着向世人传播新知识、新理论、新经验、新技术的历史使命,使得人类在越来越显得复杂生动的社会实践中获得的认识自然、把握社会的思想成果、科学原理、技术经验和艺术技能,能够从一开始只有少数先知先觉者所掌握有限的范围,向着更为广泛的受众和更为长远的时间传播。正是通过这样一种积极自觉的知识传播活动,人类对于客观世界的认识也就越来越深入,这就为改造自然、改造社会的各种实践活动的成功提供了更加充分的保证。正是由于知识的积极传播,人的本质力量在各个方面都得到了长足增加:以人的聪明智慧为主要内涵的探究力得到了持续的提高;新的工具源源不断地发明,使人动手改造外在环境的建造力得到了空前的提升;以精神的自由展开为主要表现形式的想象力,随着改造客观世界的努力取得的巨大成功相应地变得更加生动活泼;而新的交通、通信、航天、微生物等领域大批具有高新科技水准的仪器设备进入现实生活,由此所接触到的更为广阔的宏观世界和更为深邃的微观世界,使得人们能够广泛接受到许多崭新的事物,各种新鲜有力的外来刺激,有效地促进了感官的发展,从而使人的情感意志得到了新的强化。这就是说,知识的更新与传播为人类的发展创造了更好的条件,而对于现代社会来说,院士群体在这方面所起的作用举足轻重,可以说他们为完成这一伟大使命殚精竭虑,这是院士群体对于人类社会又一个重要的贡献。

作为在自己所从事的研究领域中取得卓越成就的院士,他们个人都用艰苦卓绝的学习和钻研推动了人类知识生产的进程,新的理论成果、技术革命和艺术新潮的出现,对于人类认识客观世界及充实自身的精神思想都具有重要的促进作用。但是,一个能够自觉意识到自己在知识传播中所担负的重要使命的文化先驱,他们不可能在个人已经取得的业绩面前停滞不前,而总是想尽各种办法,调动各方面的积极因素,把那些已经经过实践检验具有真理成分的新知识、新观念、新方法、新工具传授给他人,新知识的推广与普及使得人类的知识积累的内容得到更新与优化。这就能够帮助人们的头脑在更正确的思想、更先进的理论、更有效的工具和更新颖的艺术的综合作用下,变得更加聪明,院士群体就是通过知识的传播为人类的进步和社会的发展提供了新的推动力。

院士们在知识传播的过程中所采取的基本途径,大致包括言传身教和著书立说这两个方面：

言传身教是指院士个人在他的探索、研究和创造活动中所发挥的学术带头人的作用。无论是在思想探索，还是在科学研究，抑或是技术革命等各种创新活动中，任何一个优秀的科学家、技术家或者是艺术家，大多具有较强的组织协调能力，尤其是处于现代高新科技背景下的创造发明活动，往往需要一个具有合理的年龄结构、知识结构、能力结构等各种要素相互协调、相互补充而形成的团队。在这样的团队中，年长的成员大多具有知识和经验的优势，年轻的则是初生牛犊不怕虎，他们有敢想敢说的闯劲和积极活跃的思维；在逻辑思维方面具有优势的人可以更多地挑起理论探索的重担，而在技能操作上表现得较为出色的人，就可以更多地担负起实验、试验的操作任务；在发达国家接受过长期的教育或者受过系统的学术训练的学者，不但能够运用国际学术前沿的先进理念、优质知识和新颖方法参与学术研究工作，而且可以发挥他们在学缘上跟国际接轨的优势，利用更为广博的人脉关系强化相关工作的国际化特色，而长期在本土接受教育和学术训练的学者，他们对于本土社会的客观情况和实际需要有更多的了解，对于本国本地的传统文化有较为深刻的认识，就能够使得相关的项目更接地气，更符合本土的国情。这样一个团队的形成，既是智慧集成的需要，又是合理分工的必要，而院士就是这个团队在学术上的核心和领袖，他不但要用自己的聪明才智和深湛学识在研究、创新工作中挑大梁、当主力，而且还要在整个团队的任务的分配、梯队的组织、责任的落实及质量的检查等各个方面，担当起指挥员和先锋队的双重角色。而要真正发挥好这样的作用，就不但需要在知识的积累与创新走在团队的最前面，而且还要把自己摸索到的领先一步的新知识、新技能、新理念，尽最大的努力让团队的成员掌握起来。这样，作为学术带头人，他需要承担传授知识的任务，在某种意义上说就是要像一个好老师一样，在从事研究创新的同时还要做好教书育人的工作。

言传身教是传播知识最直接、最重要、最为基础的方式，这是院士在完成自己的研究任务的同时需要花大力气做好的事情。任何一个具有高深学识的学术带头人，作为一名真正的科学家、技术家和艺术家，他们都希望自己的研究成果能够和更多的人分享。当今世界各个学科的研究项目，像核裂变、超导、纳米、激光及航空航天等高新科技的理论探索与设备制造，都是在新知识、新理念和新技术的综合运用中诞生的，这样的系统工程需要的是追踪世界科学前沿的最新发展,院士或者有希望成为院士的优秀专家、学者,只有努力把自己在学术上的新发现、新观点、新结论尽快报告给团队成员,才有可能使整个团队保持旺盛的探究精神,才有可能赶超世界先进水平,高质量地完成团队所承担的研究任务。此外,尽快把自己新获得的知识在团队内部进行传播,还有以下这三个方面的积极意义:首先,就学术研究本身来说,院士如果能够及时向团队报告新的研究成果,可以更好地发挥自己在集体中的领航作用,引导团队成员集思广益,积极发表自己的意见和建议,不同观点的交锋和碰撞往往会冒出新的思想火花,智慧的集成就会有效地促进学术活动向着新的广度和深度进军;其次,就知识创新来说,学术领袖向同伴及时传授新的感受和体会,还能为新知识的形成与完善带来纠错机制,对于知识的生产和更新产生重要影响,俗话说,"三个臭皮匠赛过诸葛亮",指的就是智慧的集成所起的巨大作用,人多议论多、热气高,往往能够发现新问题,提出新思路,使本来不是那么完善的知识和经验,通过众人的分析比较、挑刺批判,就有可能产生质的飞跃,上升到具有创新意义的高度;再次,就优秀人才和优良学风的培养来说,当团队的核心人物在研究工作中愿意积极地向同伴们报告新的思维成果、新的实验路线,就会对整个团队产生很好的引导作用,就能充分调动全体成员发表个人见解的积极性,哪怕是还不很成熟的想法也都会愿意讲出来供大家分析探讨。这种学术民主的风气的形成,无论是对于团队的科学精神的凝练,还是人际关系的和谐融洽,都会产生十分重要的促进作用。因此,作为在学术团队中有着举足轻重地位的院士或者在学术上开始崭露头角并正在争取进入院士行列的学术带头人,他们都应该把自己的新鲜经验、新鲜感受告诉各位参与者,都应想方设法在团队中营造敢想敢说的研究环境,创造开放的、宽松的、富有进取心的学术氛围,用"言传身教"的方式做好最直接、最灵活、最基本的知识传播工作。

在人类知识生产的历史上,确实有许许多多在学术研究和科学实验中做出伟大贡献的院士,为了科学事业,为了人类的进步,不但呕心沥血从事研究工作,还把培养下一代科学家作为义不容辞的责任。著名科学家居里夫妇从沥青铀矿渣提炼出纯净的钋和镭,并发现了它们的放射性,因而和法国物理学家贝克勒尔共同获得了 1903 年诺贝尔物理学奖。巨大的成功,崇高的荣誉,不但没有使他们在科学探索的道路上踌躇满志而停滞不前,反而激励他们潜心钻研继续攻关,同时为培养新的科学家竭尽全力。中国核物理学奠基人施士元先生就在这样的时代背景中来到法国巴黎,成为居里夫人的学生。居里夫人对这个来自中国的青年学生积极扶持,给予了无微不至的关心:不但免试接受他为自己的博士研究生,还在研究工作中手把手地指点教诲。作为镭研究所的所长和卓越的科学家,她不但把自己掌握的放射性元素对人身的危害的知识毫无保留地传授给这个中国学生,还反复向施士元强调,他们所从事的研究工作,非常重要又非常有趣,但稍有疏忽就会对身体造成伤害。正是出于对科学规律的尊重和对学生的爱护,居里夫人对于涉及放射性材料的试验,总是通过谆谆教诲和循循善诱的方式,教会学生正确处理科学实验与生命安全的关系。当施士元做实验时,居里夫人经常站在操作台旁边,反复叮咛他必须清醒地记住应该注意的事项:例如,实验中千万不能用手去碰放射源,不然的话手指就有被灼伤的危险;在不得不接近放射源的时候,一定要用铅盾保护好自己的身体,同时还必须屏住呼吸,以防放射性气体进入呼吸道。

在居里夫人悉心教诲和精心培育下,施士元在镭研究所的四年学习和研究中,他的身体没有受到任何损伤,并且在导师的指导和推荐下,施士元的研究文章分别在法国《科学院院报》、《物理年鉴》等杂志上发表。1932—1933年,施士元又出色地完成了钶 C 元素的核谱测定工作,当时全世界只有居里夫人的研究所能完成这项实验,而施士元就是第一个完成这项实验的人。正是在导师所传授的科学知识的哺育下,在强烈的求知欲望的激励下,施士元圆满地完成了博士研究生的学习和科研任务,1933 年获得了博士学位。学成回国的那一年他只有 25 岁,就被当时中央大学聘为物理系教授并担任系主任,后来成为中国核物理学的学科奠基人。这是众多院士对科研团队成员言传身教的无数事迹中的一个个案,但"管中窥豹,略见一斑",这一类同样为许许多多院士所采用的做法,彰显了院士们在知识传播中所产生的决定性意义,他们在人类知识生产的历史进程中所发挥的强有力的推动作用,也就显得更加伟大、更加重要。

需要指出的是,把院士在较为直接的知识传播过程中所运用的方式称之为"言传身教",其实只是语言表达习惯使然,这种方式也完全可以把它理解为"言教身传"。因为对于具有较为亲近的人际关系、平时能够直接接触的人来说,教育者用语言进行理论上的阐释、指点,主要是通过阐发内涵、启迪思维、掌握要领的途径来传授知识,而通过具体的行为让受教育者在耳濡目染中受到正面的影响,它所起的作用可能没有像耳提面命的方式那样明确、那样强烈,而潜移默化的感染力同样能够在知识传承中发挥很好的作用。如果从超越道德的层面上对"身正为范"的含义做更为宽泛的理解,那么,用自己在治学过程中所运用的科学的方法、良好的习惯、艰苦的努力和坚强的意志引导学生,同样会对他们产生十分深刻的影响,尽管这种"身传"的知识传播的途径会受到各方面条件的限制,但是它在院士知识传播中的积极意义与巨大作用却是不能忽视的。

正因为院士在知识传播过程中所采用的"言传身教"方式要受到时间、空间及其他各种因素的限制,接受的对象只能是有限的少数。鉴于这种方式还不能很好解决人类依靠知识的积累和智慧的发达来充实自身本质力量这一根本要求,院士们当然需要运用能够满足更多的受众的求知欲望,并且把自己在创新实践中获得的新的知识创造留给后世,使之成为人类知识宝库的一部分,可以被后人作为间接经验加以承传,以启迪他们的思维,开发他们的智慧,为他们在新的历史条件下开展更伟大的社会实践提供知识的支撑,这就需要采用知识传播的另一个最基本的方式——著书立说。

"著书立说"是人类的专利,运用人类所创造的符号系统把自己在创造性工作中所获得的新发现、新见解、新经验记录下来,这些内容包括对于自然界和人类社会在运行过程中的本质特征和客观规律的探索成果,在改造客观世界的实践中取得的经验积累,以及为社会进步而进行的艰苦探索的奋斗历程中产生的心得体会,等等。一切有助于后人更深刻地认识客观世界和人类本身的新知识,都应该把这样的思维新成果外化为人类文化最根本的载体——语言,并且物化为各种特定的物质材料,这就是传统的书籍、当代的录音录像直至当今最先进的数码存储器。正是由于每一代人都把他们经过艰苦探索收获的知识创新成果,从上古年代以"记忆—口述"的手段保存知识的方式,随着历史的进步不断得到改进,像古代的泥版书、甲骨文、金文、竹简等,那时所使用的介质都是比较实在的物质材料,镌刻时有需要付出高超的技艺和繁重的体力,使得知识的传播只能被少数有地位、有技能的人所控制,普通百姓也就没有办法掌握阅读和书写的本事。纸张的发明才开始改变了这种局面,而活字印刷术与现代印刷机的诞生则使知识保存的方式产生革命性的变化:期刊和书籍出版的纸张材料、印刷过程的技术成本大大降低,生产、流通过程的时间大大缩短——这就为有识之士把自己在各种社会经历中获得的知识和经验撰写成论著提供了很大的便利,而当期刊、书籍的出版、收藏、流通成为人类最重要的文化活动之时,无数渴望更多地掌握前人留下来的书本知识的读者,也就有了更为容易地实现自己美好愿望的机会。

从院士群体在知识传播中所承担的历史使命来说,产业革命的兴起是技术革新和知识生产的两个相互叠合的高潮,滥觞于同一时期的院士制度就是在这两个高潮的推动下应运而生的,造纸、印刷和运输的产业化为论文的发表和书籍出版创造了前所未有的优越条件。作为新兴的知识传播主角的院士群体,犹如"好雨知时节"那样能够幸运地运用这一大好形势,很快就适应着时代的要求,通过著书立说的方式在知识传播中占据了高屋建瓴的位置。买书、读书、藏书成为越来越多的普通民众十分重要的文化消费和精神享受,"知识改变命运"的观念成为响亮的口号,院士制度和院士群体就在这样的历史进程中持续不断地发挥着特殊的作用,著书立说也进一步受到全社会的重视和尊敬。

对于院士来说,著书立说既是研究创新工作的自然延伸,又是对取得的创造成就的回顾和总结。因为著书立说绝不是信口开河的胡言乱语,也不是充斥着废话空话的无病呻吟,而是以严谨的态度、严肃的精神、严密的逻辑以及严格的要求,把自己在专业领域里获得的最有创新价值、最具社会意义的收获用语言形式表达出来,所以撰写的著作必须有充实的内容、新鲜的经验、批判的眼光和经过实践检验的新结论。从这个意义上来说,这样的著作必然是在长期研究的基础上形成的思维的结晶、技艺的高峰和经验的汇聚,因而往往代表着这一学科在当时发展的最高水平。正因为著作的撰写无论是对于院士的还是对于社会都具有如此重要的意义,所以很多院士大多是在研究工作取得较为明显的进展,或者在一个研究项目圆满完成之后,才考虑著书立说的。可以这样说,院士们把自己的研究成果写成著作,就是恩泽当代、惠及后世的大好事,著书立说就是在为人类进步铺筑一级又一级的阶梯,帮助全人类更快更稳地向上登攀。

院士们在著书立说的过程中生产出来的著作在内容上主要有这样几种类型。第一种是提出解决某一理论或现实问题的新见解、新观点的学术论文;第二种是已经形成完整理论体系的学术专著;第三种是闪耀着思想火花、表达作者深邃而又独特感受的学术随笔;第四种则是用深入浅出的表达方式去介绍深奥的专业知识的科普读物。这四种不同类型的文体形式各具特点又相互联系,我们在这里做些简单的分析:

学术论文在知识传播中具有特别重要的地位。对于学术研究来说,论文最重要的特点就在于集中力量突破难点,对某一个理论问题或现实问题提出解决的方法与路径,并且通过严密的逻辑推理和实证分析,证明自己提出的观点与结论的正确性。学术论文的核心价值就在于创新,而完成这一任务则需要把渊博的知识积累、敏锐的学术眼光、科学的研究方法和灵秀的聪明智慧在融会贯通中产生质的飞跃。因此,学术论文的写作一般需要经过这样几个环节:首先是在已经掌握的尽量丰富的信息资料的基础上,深入分析内在的矛盾,找出其中的不足之处、薄弱环节或谬误所在;然后再从事实依据和逻辑关系上揭示错误形成的原因,指出某种观点或结论或者已经背离了不断变化着的社会现实的本质特征,或者完全落后于客观实际的发展状况;最后通过严密的逻辑推理和系统的论证,提出自己的看法和观点,并使之具有强有力的说服力。这样的学术论文,就能对理论研究的深入和社会问题的解决起到促进作用。

学术论文在呈现个人研究成果、表现个人学术水平以及推动学术争鸣等方面都具有重要意义,有的论文所解决的问题既是科学研究上的一次突破,也是作者治学道路上前进的标志。一般来说,作为学术论文的组成部分,学位论文虽然跟已经成名的院士的论文有很大区别,但同样具有相当的学术意义。学位论文既是高等院校和科研院所授予学士、硕士和博士学位的依据,它的主要使命就是学术训练,但不同等级的学位论文在学术贡献上有着很大差别:学士学位论文是学术研究的起步,主要任务是让本科生了解学术研究的基本过程,掌握论文写作的一般方法,对一个学术问题或社会现象进行必要的梳理,能够提出一些个人见解就显得难能可贵了;硕士论文则要求较为系统地思考一个问题,通过材料的搜集、辨析、论证,产生新的观点和结论,并且在符合学术规范的前提下进行,一个十分重要的要求就是力求提出新的发现和新的见解,因为这样的学术熏陶是学术型硕士的培养目标所必需的;博士学位论文一般要求全面掌握相关资料,深入探讨一个问题,系统阐释自己的研究成果,提出较有创新价值的见解,并且通过系统的学理分析,对自己在研究中的发现、质疑及批判加以充分的阐释,并在此基础上证明自己新提出的学术观点和理论体系的必要性、深刻性和科学性,由此展示自己的学术建树并最终成功实现申请博士学位的目的。由此可见,博士论文的学术贡献和科学价值应该达到一个较高的水平,有的甚至可以达到这一领域高水平专家的程度,而这样的博士论文无论在质量还是在篇幅上,都可以发展成为系统的学术专著。

　　院士撰写的学术论文显然要比一般的博士论文更高一筹,这主要表现在以下几点:一是研究经验更加丰富、研究方法更为先进,论文的科学性、创造性、系统性更强;二是院士有条件凝练整个学术团队的研究成果,在知识和智慧的集成中更容易突破学术难点,提出新的理论体系,形成新的学说学派;三是院士撰写的论文,更能够在学术界产生大的影响,有的甚至能够引起全社会的关注,因为这样的研究成果往往会对学术的发展和社会的进步带来震撼性的影响,成为科技创新的里程碑。所以,世界上对于院士的学术论文都给予了巨大的关注,像 SCI、EI、SSCI、A&HCI 等各种数据库对于各国各地区由院士领衔撰写的学术论文一般都会加以特别的重视。由于具备了这样一些更为优越的条件,也就有效地提升了知识传播的广度和深度,论文也就能够在更广泛的时空范围产生学术影响并形成更好的社会效果。

　　学术专著顾名思义就是专门研究学术问题的著作,这里的"专"包含着这样几层意思:首先是作者能够当选院士,必定是这一学术领域卓有成就的专家,他对所阐述的学术课题一定是在长期关注的基础上进行了深入钻研,得出的结论、提出的观点必然具有超越前人的先进性;其次,所谓专著就是说这本书是专门讨论某个专业问题,不但在内容上通过由浅入深、由表及里的分析阐释,把作者对于所论的专业问题的研究成果,运用实验数据、统计数字和事实确证的方式加以系统的论证,因此都具有严密的逻辑思维的特点,在论证的方法上多采用从客观事实的归纳向科学抽象升华的途径,这样的著作就具有非常强的专业性;再次,学术专著的接受对象是同一学术领域的专业人士,他们通过阅读这样的书籍来充实自己的专业知识,提高专业修养,院士们撰写的学术专著理所当然地成为同行们追踪学术前沿必须掌握的重要资料。这样的专著因为具有很强的专业性,所以在文字表达上必然会出现很多专业术语,因此只有在这一专业的学术研究中开始入门的人,才有可能真正领会、理解作者在书中阐述的问题,并且能够帮助自己把相关的研究工作提升到一个新的水平。

　　著名数学家华罗庚院士的《堆垒素数论》,就是他在数论研究中最为重要的学术专著之一。这本书的内容最早是在西南联大为本科生讲授的,当时慕名而来的学生把教室挤得水泄不通。在非常艰苦的条件,华罗庚用了两年左右的时间完成了《堆垒素数论》这本专著。1941 年出版的这本书,全面论述了三角和估计及其在华林-哥德巴赫问题上的应用。全书所论证的问题除西格尔关于算术数列素数定理未给证明外,所有定理的证明均包含在内。1953 年国内再版的《堆垒素数论》系统地总结、发展与改进了哈代与李特尔伍德圆法、维诺格拉多夫三角和估计方法及他本人的方法,该书出版60多年来其主要成果仍居世界领先地位,其中大量未公开发表的结果,以及三角和方面的基本材料,华林问题和他利问题等,仍是世界数论研究的尖端课题。

华罗庚在"序言"中说,在数学史上,数论的思想和方法影响着其他领域的发展。反之,其他领域中的发展就也常常被用来解决数论中的问题。《堆垒素数论》这本数学专著先后被译为俄、匈、日、德、英文出版,成为20世纪经典数论著作之一。国际性数学杂志《数学评论》高度评价说:"这是一本有价值的,重要的教科书,有点像哈代与拉依特的《数论导引》,但在范围上已越过了它。这本书清晰而深入浅出的笔法也受到称赞,推荐它作为那些想研究中国数学的人的一本最好的入门书。"这样的学术专著所体现出来的"专"特色,对于业内人士来说就是非读不可的经典,很多地方读完一遍依旧很难理解,那就必须硬着头皮多读几遍。只有经过多次阅读、反复揣摩,才有可能真正掌握其中的奥妙,这就是学术专著的特色,也是它的魅力之所在。

跟学术专著具有完整的理论体系和严密的逻辑思维有内容安排和表达性上的区别,另一种经常被院士们采用的著作形式则是学术随笔。学术随笔跟学术专著的区别主要表现在两个方面:

一是在内容的安排上不是把重点放在学术思想、学术观点的系统构成上,不是刻意追求对一个学术问题的来龙去脉、整体面貌和重要观点作面面俱到的分析和阐释,而是以作者对于某一学术问题的一个侧面、一点心得乃至一丝灵感的抒写。这种随笔往往闪耀着思想的火花和智慧的亮点,虽没有高头讲章的宏伟气象和严肃品格,也没有条分缕析的层层深入,但并不能因此否定或者轻视它的学术价值。很多学术随笔虽然不具有学术论文那样严格的规范性,但是,由于作者对于所讨论的问题同样是在深入钻研的基础上有感而发的,因此,思想的敏锐性和生动性、论说的尖锐性和深刻性以及由此形成的学术性,完全可以达到和学术专著并驾齐驱的程度。尤其是这种学术随笔因为不需要考虑内容安排上系统性,在某种意义上讲也就摆脱了一些写作规范上的束缚,这样就为具有亮点的学术思想更自由地发挥、对于谬误进行更为鞭辟入里的批判、对那些不一定已经十分成熟却能给同行和后人带来启迪的想法更大胆的表达,创造了非常重要的条件。

二是在文字表达上的灵活性与生动性。正因为学术随笔不需要拘泥于专著所要求的严格的表达规范,在行文的过程中也就具有更为广阔的空间,不管是对于某一具体事实的剖析,或者是对于特定的思想观点的批评,还是对自己切身感受的表述,都可以灵活运用自己最为擅长的文笔来叙说。一般的学术专著在摆事实、说数据的时候采用真实记录的方法,因此叙述也就成为最常用的表达方式;而在讲道理、做结论的时候,以论证为内涵的议论就成为贯穿全书的最重要的表达方式。也就是说,在学术专著中描写、抒情几乎没有插足的机会。但在学术随笔中虽然用得最多的同样是叙述和议论,但是,可以在需要直抒胸臆的地方大胆抒情,可以在细致刻画的地方对客观事物加以描写。因为文笔的生动就是为思想的自由展开服务的,在学术问题上的小感触、新想法,甚至某些还停留在猜想、推测阶段的思想观点,都可以在文字的自由挥洒中表达得更明白、更活泼,这样对于自己的学术观点的阐发同样可以达到事实清楚、道理明晰、结论符合逻辑的高度。而表达手段的丰富多彩既能充分展示作者活跃的学术思想和强有力的研究功力,同时还能够以优美动人的文字引起更多专业人士的深入关注,甚至还可以由此吸引非专业人士加入到读者行列中来。

正是由于上述原因,优秀的学术随笔所体现出来的学术价值一点也不亚于学术专著。如 2013 年离世的美国芝加哥大学经济学教授罗纳德·科斯,就是用学术随笔把自己的研究成果发表出来,让全世界的经济学家了解自己的研究成果。在他漫长的教学研究生涯中,他所撰写的论著数量不多,而且几乎不能被称为严格意义上的论文,至少从论著本身的表达形式来看是不符合学术论文的基本规范的。但就是这些看起来缺乏宏大格局的学术随笔,却集中展示了他在学术研究上的精髓,被学界称为传世之作。就是凭借着这些学术随笔,科斯成为 20 世纪乃至 21 世纪初世界上最具影响力的经济学家。1937年,年仅 26 岁的科斯发表了一篇名为《公司的性质》的文章,文章以独特的观点阐述了决定企业形成的基本要素以及一些起决定性作用的规律。科斯的这篇学术随笔,从"交易成本"的角度分析了企业产生的原因。他认为市场交易行为存在成本,这些成本包括讨价还价、订立和执行合同的费用以及时间成本等,当市场交易成本高于企业内部的管理协调成本时,企业便产生了,企业的存在正是为了节约市场交易费用,即用费用较低的企业内交易代替费用较高的市场交易。这一独特的研究视角,直到今天,仍为经济学界所惊叹。科斯在早年便显露出了一名优秀的经济学家所具备的深刻的洞察力和严谨的逻辑分析能力。

1960年,科斯又发表了一篇名为《社会成本问题》的文章。文章提出,假定交易成本为零,而且对产权界定是清晰的,那么法律规范并不影响合约行为的结果,即最优化结果保持不变。换言之,只要交易成本为零,那么无论产权归谁,都可以通过市场自由交易达到资源的最佳配置。1982年诺贝尔经济学奖得主施蒂格勒将科斯的这一理论进一步归纳为"在完全竞争条件下,私人成本等于社会成本",并最终形成"科斯定理"。可能就是因为科斯的文章没有论文的庄严气派,这一研究成果最初没有引起学术界太多的重视。然而,是金子总会发光的,30年之后,产权理论引起了学界的高度重视,科斯本人也最终因为这一学术成果在1991年获得诺贝尔经济学奖。当时已经81岁高龄的科斯,就是凭着为数不多的学术随笔中揭示的堪称经典的理论,登上辉煌的诺贝尔经济学奖领奖台的。

特别值得一提的是,著名学者、作家,生前曾任中国社会科学院副院长的钱锺书先生,也是撰写学术随笔的大师。他的代表作《管锥编》,辑录了中国古代典籍781则,引述四千位著作家的上万种著作中的数万条书证,对《周易》、《毛诗》、《左传》、《史记》、《太平广记》、《老子》、《列子》、《焦氏易林》、《楚辞》以及全上古三代秦汉三国六朝文等古代典籍进行了详尽而缜密的考证和诠释。全书用文言文写成,近130万字。书中旁征博引,贯通文、史、哲等领域,又能引经据典,运用了多种西方语言。

美国汉学家艾朗诺(Ronald Egan)翻译了《管锥编》,译本名为:*Limited Views：Essays on Ideas and Letters*。艾朗诺先生对中国古代文学、美学和人文文化进行过多年深入的研究,他独立编成的《管锥编》英文选译本1998年由美国哈佛大学亚洲中心出版,这是《管锥编》第一次被部分译成英文出版,在美国学术界引起了较大的反响,并对中西文化交流产生了深远的影响。艾朗诺先生在《管锥编》的英文选译本序言中指出,该书继承了中国学术研究的随笔传统。他认为中国最有学问的随笔、札记是清代的考证派学者写的,而钱锺书先生就是用随笔的形式同清代学问最好的学者争鸣。正是学术随笔这样的文体形式,使《管锥编》不必着眼于对不同人文传统背景下的文学名著进行牵强附会的整体性比较,然而在单个思想或主题的层面上,却尽可能用更多的不同来源的材料来展现一个主题的多个方面,在跨越时间和语言的同时,也尽其所能做到不忽略任何可能的材料。对于这样的学术随笔,它在学术价值、智慧底蕴与文化精神上所达到的高度与深度,都为知识传播做出了卓越贡献,把它称之为学术随笔中的经典,也是实至名归的评价。

除了学术专著、学术随笔之外,院士们在知识传播中还采用另一种文体形式,这就是科普读物的撰写。科普读物在学术性、专业性和理论性上可能没有学术专著那样高的要求,也不像学术随笔那样需要运用渊博的知识对所谈论问题加以旁征博引,但它绝不是知识传播中的小儿科,而是面向最广大的读者传授科学知识的重要途径,因而关系到全社会的科学知识水平的提高,关系到人类文明发展的速度与深度,而普通民众知识水平的高低,又是决定这个民族、这一时代科学发展状况的深层次原因。正因为科普读物具有如此重要的社会作用和历史意义,所以很多世界上最顶尖的学术大师,都在从事高端研究的同时,抽出宝贵时间撰写科普读物,他们都把用科学知识武装广大的人民群众看作是自己义不容辞的使命和责任。

例如,享有世界声誉的数学家华罗庚,在很多数学专业领域取得重大成就的同时,他又非常关心中国应用数学的普及工作,亲自撰写了好几本科普读物,如《优选法平话及其补充》《统筹方法平话及其补充》《从孙子的神奇妙算谈起:数学大师华罗庚献给中学生的礼物》,还专门为少年儿童写了《聪明在于勤奋 天才在于积累》一书。这些科普读物都具有高度的开创性,在社会上尤其是青少年当中产生了巨大的社会影响。又如著名数学家王梓坤院士在科普读物写作上同样取得了斐然成绩,1981年他荣获"全国新长征优秀科普作品奖",1990年被评为"新中国成立以来成绩突出的科普作家"。在《科学发现纵横谈》和《科海泛舟》两书中,王梓坤先生纵览古今,横观中外,通过对科学发展史上近百个有代表性的典型事例的精辟分析,得出结论:"德、识、才、学"对人才的成长,起着非常重要的作用,这四者是对科学工作者素质的基本要求,它们相互联系,而又不可或缺。在《科海泛舟》一书中,王梓坤精辟地论述了数学研究的一般方法。他指出,数学专题研究分为提出问题、攻克难关和整理提高三个阶段,并且用生动的文字介绍了这三个阶段各有侧重的研究方法和应当注意的问题。

像华罗庚、王梓坤两位院士那样,虽然位居学术殿堂的高端,却俯下身子热情向普通民众和青少年传播知识,在中外学术界也是较为常见的。这是因为许多在科学研究中已经功成名就的大家都清醒地意识到,一个缺乏雄厚扎实的知识积累和储备的社会,是绝不可能实现学术研究的巨大飞跃和持续发展的。同样,没有一支宏大的后备队伍,就会使学术研究遭遇到后继无人的可怕局面。所以,很多大师级的专家,都把撰写科普读物作为自己的分内事,他们清醒地意识到:普及科学知识,提高全民族、全人类的文化水平,是关系到人类文明可持续发展的大事,也是提升人民群众的物质生活和精神生活质量的重要途径。所以他们自觉地把科普读物的写作与学术著作的写作放在同样重要的地位来看待,同样的运筹帷幄,同样的字斟句酌,同样的孜孜不倦。正是有了这样的科学精神和治学态度,科普读物才能成为促进科学进步、推动技术创新和提高大众知识水平的有效途径。

当然,科普读物在具体的写作方式上跟学术著作、学术随笔还是有所不同的,这主要表现在这样几个方面:首先是接受对象的根本差异。科普读物的根本目的是提高大众的知识水平,开启大众的智慧之门,因此具有很明确的启蒙意义。这就决定了科普读物不像学术著作具有明确的接受对象,它所面对的读者不受年龄、行业、文化程度和社会地位的限制,如果一本科普读物能够受到最广大的读者的欢迎和肯定,那就证明这一科普读物取得了巨大的成功。其次是作品内容上的适应性。这就是说,人民大众往往把科普读物作为对某一领域里的科学知识的入门向导,因此它应该着眼于基本概念、基础理论和基本技能的介绍,要吸引尽可能多的读者掌握相关问题的基本知识,并对这一领域的科学研究的现状与未来发展产生兴趣,为在广大读者中培养未来的研究人员积极创造条件。其实这就是适应—征服的知识接受规律,只有先适应大众的知识水平、阅读习惯、兴趣爱好,然后才有可能让他们对所讨论的问题引起关注,接受并理解你的观点,最后在信服你提供的知识的基础上,积极地参与到相关的探索和研究中来。再次是表达上的生动性。正因为科普读物主要是面向普通群众,所以在语言表达上就必须说“普通话”,专业术语能不用的尽量不用,语言风格必须坚持深入浅出的原则,尽可能把那些深奥的理论、繁复的论证通过通俗易懂的言语加以阐述。这就要求科普读物的作者应该具有良好的语言表达能力,而实现这一目标的基础就在于作者对于专业问题的精深掌握和透彻理解,只有在专业领域里达到融会贯通的境界,才有可能在文字表达上做到挥洒自如。正因为优秀科普读物的写作具有这样的难度,所以才需要院士这样的顶尖专家更多地参与到其中来。

知识传承与智慧开发是推动人类文明进步的核心力量,院士群体在这样一个伟大的社会实践中承担着先锋和中坚的历史使命,他们用自己的聪明才智和艰苦努力,在“学”与“思”的紧密结合中最充分地继承前人流传下来的知识经验,形成渊博的知识积累,开启深邃的智慧之门,真正成为学富五车的大学者。但他们并没有就此止步,也不是人云亦云,而是开动脑子大胆质疑,通过对知识体系的勇敢挑战,或者对原有知识存在的疏漏和不足进行补充完善,或者打破那些已经被时代所淘汰的陈规旧说,或者紧扣社会发展的主题创立全新的理论。在这一过程中,院士群体努力把自己在学术研究中的新收获毫无保留地传授给人们。他们通过言传身教的方式积极帮助年轻学生、团队成员掌握那些领时代风气之先的新知良说,又用著书立说的方式把自己在知识创新过程中积累起来的学术成就在更广泛的范围内传播,同时通过各种不同的知识储存方式,为人类知识宝库的不断充实奉献自己的智慧和精力。由此可见,院士群体以及一切在知识创造中做出伟大业绩的人们,都是人类社会发展和文明进步的先驱,他们用生命的全部力量,最大限度地发挥了自己的探究力、建造力、想象力和意志力,他们就是这个时代先进文化的忠实代表。

第四章
制度文化的伟大力量

17世纪中叶英、法两国国家最高学术机构，最初是由一些富有远见卓识的科学家以民间组织的形式相继成立的，但却都在较短的时间里得到了国家的认同，并很快得到了政府的正式承认与支持，尤其是在经济上给予的资助。这一方面说明成立国家最高学术机构完全符合历史发展的潮流，任何一个有眼光的政治家都能够看到，这样的机构对于国家科学技术和思想文化的发展，一定能够发挥极为重要的促进作用并产生深远的社会影响。当时的英法两国君主在对待国家最高学术机构的问题上，所表现出来的有眼光、有魄力的做法是值得完全肯定的。当历史进入19世纪以后，国家学术机构和院士制度在推动科学技术迅猛发展和社会经济文化进步方面显示出来的巨大作用，已经通过社会实践的不断检验而得到了进一步的证实，这就使得更多的国家利用后发优势急起直追，在科学院和院士制度的建设上，追赶甚至超越了原本走在前面的国家，很多国家在最高研究机构的设置和顶尖学术人才的选拔上所采取的积极态度和实际行动，为这一创举在世界范围内的迅速传播与推广创造了十分有利的条件。先进国家的可靠经验，让那些愿意在学术研究上崭露头角的新兴国家了解到，在学术机构和院士制度的建设上虽然不能一蹴而就，但是及时抓住机遇毕竟是符合时代潮流的明智之举。于是，直接以国家行为而不再经过民间组织过渡的方式创建国家科学院，就成为国际上通行的做法。正是在这样的历史进程中，国家学术机构的设立与院士遴选的体制也就成为国家制度，从而在制度文化的层面上焕发出更加伟大的力量。

一、文化类型学视野中的制度文化

从遥远的上古时代走到今天，从动物世界脱颖而出成为人类，所有一切创造活动和创造成果凝结成为博大精深、波澜壮阔的世界史，可以说一部世界史就是人类文化的总和，也是人类创造活动的全部结晶。英国人类学家爱德华·泰勒（Edward B. Tylor）在其所著的《原始文化》（*Primitive Culture*）一书中，对文化发生学及其演化过程进行了较为全面的考察。在深入研究的基础上，他对"文化"这个概念提出了这样一个定义："文化是一个复合的整体，它包括作为社会成员的人所获得的知识、信仰、艺术、道德、法律、习俗以及其他能力和习惯。"根据这一观点，"文化"几乎可以涵盖人类生活的各个不同方面、不同层次的内容。从历时性的角度来看，人类从"几个石头磨过"的旧石器时代开始，直到当今信息时代的一切创造都属于文化的范畴；从共时性的角度来看，世界各地不同国家、不同民族的人民在各自的社会实践中创造的一切，同样都是人类文化的丰富内容。

1. 文化类型学的有关理论

为了更加深入地理解文化的理念，更为准确地把握文化现象如此广博渊深的内涵，更加科学地揭示包罗万象的文化现象的本质特征，一些学者就运用类型学的方法对它进行研究，以便通过深入细化的方法，厘清这一漫无边际、无所不包的混沌事物的深层内涵和内在本质。各种有关文化类型学的研究就是在深入探究的强烈欲望的支配下，在不同时代、不同学术背景的争论中，呈现出百家争鸣、众声喧哗的生动局面：有的学者依据文化的时间迁延和空间分布进行分类，于是就有了原始文化、中世纪文化、近代文化、当代文化乃至我们中国的西周文化、秦汉文化、隋唐文化、两宋文化、明清文化的概念。还有以特定区域为研究对象的欧洲文化、东亚文化、非洲文化、中东文化，以及以国家为观察基点的英格兰文化、法兰西文化、俄罗斯文化、日本文化等国别文化。有的则从作为社会实践主体的不同人群在语言使用、民族属性、宗教信仰、性别差异、职业身份等各个方面的不同表现，以特定的民族为切入的角度进行类型的区分，这就有了日耳曼文化、拉丁文化、斯拉夫文化、华夏文化，有了汉文化、藏文化、彝文化、满族文化乃至客家文化、湖湘文化等名词；以宗教信仰的差异去深入考察文化的类别，就出现了像图腾文化、萨满文化、道教文化、佛教文化、基督教文化、伊斯兰教文化等不同类型的宗教文化；从性别的不同及其衍生出来的相关社会现象进行的文化探索，就产生了性文化、女性文化、男性文化、婚恋文化、生育文化、娼妓文化、同性恋文化等研究。有的学者把人类的生产生活方式作为文化类型学的观察维度，这就产生了游牧文化、农耕文化、渔猎文化、工匠文化、机械文化乃至今天的网络文化，又有了饮食文化、服饰文化、村落文化、城市文化、交通文化、旅游文化等内容。有的学者是从文化本身存在的形态进行分类，从文化通过不同载体所表现出来的方式进行类型学研究，既有较为宏观的分类，把文化分为物质文化、制度文化和精神文化，也有较为微观的分类，仅在文学艺术范畴就有音乐文化、诗歌文化、舞蹈文化、绘画文化、戏剧文化、雕塑文化、建筑文化、园林文化、景观文化、手工艺文化、摄影文化、电影文化、电视文化，甚至还有面具文化、节庆文化、沙龙文化与宠物文化等等。由此可见，文化类型学所包含的林林总总的概念，充分证明它已经成为一门蔚为大观的学科。

对于院士制度来说，如果把它放到文化类型学的坐标系中进行考察，有一个能够较为合适的角度就是从文化的表现形态着手加以认真审视，这可能在令人眼花缭乱的文化分类中更能抓住不同文化基本特质的做法。因为这样做能够抓住事物的主要矛盾进行深入的研究，能够较为准确地把握院士文化这一特殊类型的内在特性，并且可以为全面而深入地理解和阐释这一文化现象打开道路。因此，我们将循着这个途径对院士制度进行文化类型学的观察。

学界对于不同的表现形态的文化结构进行剖析与研究，形成了这样几种较为常见的分类方法，这就是：两分法，把文化分为物质文化和精神文化两大类；三分法，从物质、制度、精神三个层面去认识不同的文化类型；四分法，就是把文化分为物质、制度、风俗习惯、思想与价值；还有人提出了六大子系统说，认为文化作为一个巨系统，是由物质、社会关系、精神、艺术、语言符号、风俗习惯这六个子系统构成的。上述分类方法当然各有其合理内核，但是从历史与逻辑相统一的高度，尤其是根据人类文化的客观情况来看问题，笔者认为二分法过于粗疏，对于有些人类群体活动过程及由此形成的文化积淀，像社会组织、节庆活动等文化现象，无论是把它作为物质文化还是精神文化，都显得有点牵强附会。四分法、六分法又显得过于碎片化，不同类型之间的边界很难划分，例如四分法中的"风俗习惯"，既是建立在特定生产方式和人际交往的基础之上，又通过具体的物质载体表现出来，还必然有着内在的"思想与价值"，可见四分法提出的分类的根据存在着相互混淆与矛盾的地方，这样的分类就显得不够严谨；六分法运用系统论的方法，本来具有方法论上的先进性，有些类型的设置如"社会关系"也具有相当重要的理论意义，但由于这六个子系统之间的关系也未能区分得十分清晰，如"艺术"、"语言符号"和"风俗习惯"三者之间有着千丝万缕的联系,各种艺术创作都需要运用特定的语言符号,而风俗习惯中又有很多艺术的成分存在,这些约定俗成的生活内容还反映着特定的社会关系,它跟人们的精神生活又是密切相关的,所以六分法也不见得十分合理。鉴于上述看法,本人认为采用三分法研究文化的类型是比较合适的,也就是说,把洋洋洒洒、博大精深的人类文化分成物质文化、制度文化和精神文化,是深入认识文化类型及其本质特征一个较为合理的方法。我们下面对于院士文化的分析和阐释,就是按照这一类型学的理论加以展开。

物质文化主要是指人类在漫长的历史进程中通过改造自然而形成的一切实际存在的创造物,在这些创造物中劳动工具则是不同时期的社会发展最为显著的标志。生物在漫长的进化过程中蓄积的量变,终于导致了一次质变的发生——原本受大自然束缚,被特定的物种本能固定起来的生存方式,在包括气候条件在内的外部环境发生突变的情况下,为了生存的需要,那些由于攀援使前肢具备了较为灵巧的活动能力,从而促进了头脑发育的灵长目动物类人猿,开始打破生理本能的桎梏,而这种最初使用工具的过程也就是人类诞生中的出现的质的飞跃,才开始写下人类历史崭新的第一页。正是在开始制造和使用工具的过程中,变得越来越灵巧的双手,相应地把头脑训练得越来越聪明。开始变得较为聪明的大脑就有了更加广阔深邃的思维空间,与此同时,人的思想发生了一个很重要的飞跃——摆脱了自然界束缚的头脑孕育了新的生存欲望,而欲望的产生又进一步引发了人类改造自然的愿望和行动。大自然确实是人类赖以生存的永恒的根基,没有大自然提供的物质资料,人类社会就没有生存的可能。但是,如果人类只能在大自然所提供的现成条件上生活,那就只能永远停留在动物那样只能凭本能生存的低级水平上,也只能永远是下一代不断重复上一代生命历程的生存方式,不能脱离自然环境的藩篱,就不可能有人类的诞生,也根本不可能有人类社会光辉灿烂的文明成果。只有按照自己的欲望,运用不断壮大的人的本质力量把客观世界变成更加适合生存与发展的"人造世界",人类社会才能在不断"有所发现,有所发明,有所创造,有所前进"的道路上向前迈进,而这个过程中所形成的"人造世界",也就成为人类社会整个物质文化的总和。

2.制度文化的社会功能

制度文化则是从保障社会的有序有效运行的目的出发,在约定俗成的基础上逐步发展为系统周密的契约性规定,用来规范人们的行为,并且通过相应的奖惩机制以保障这些规定能够得到公众的遵守,它们以上层建筑的形式发挥特定的制约功能。这就是说,制度文化是社会大众共有的行为准则与观念系统,在这个准则和系统中设定的规矩,在国家机器的权力作用的支撑下,首先必须成为社会大众普遍认同的思想观念,只有在这样的文化背景和心理基础上,各种社会制度才能真正成为指导人们的行为的规范。从理论上说,如果社会上的绝大多数人,能够接受他们认同的规范、准则、道德和法律,这个社会才有可能正常运行,而作为社会细胞的个体,也只有在一个稳定和谐、积极有为的社会环境中才能够获得健康成长的机会,才能充分发挥自己的聪明才智而有所作为。如果一个社会缺乏完善的制度系统,或者说现成的制度遭到相当多的社会成员的抵制、反对和挑战,这些人不愿再按照先前定下来的规矩生活下去,如果是因为那些沿用了较长时间的老规矩已经不能适应社会生活的现实情况,尤其是不能适应生产力发展的积极要求,并且产生了严重损害公平、正义与和谐的消极作用,从而蜕变为某些特权阶层的护身符和保护伞,那就必然会引起强烈的社会震动,甚至会产生推翻旧制度重建新制度的社会革命。如果作为制度的守门人的统治者,能够对那些已经显得不合适、不合理的制度进行主动的调整,以便使它跟上社会发展的步伐,而这类举措又能够得到大多数社会阶层的认同,旧的制度就会在自我调整中得到某种程度的优化,社会进步就会通过温和、渐进的方式得以实现。这就是说,作为制度文化的最重要的组成部分,上层建筑与经济基础之间的矛盾及其具体表现——统治阶级和普通百姓的矛盾运动,一方面体现了上层建筑通过国家机器对社会的控制,特定制度的出台都具有一定的权威性,它对于相关领域具体问题的解决、公共事业的推进提出了指导方针,同时通过调动国家的经济、文化、技术、人才等方面的力量,去实现国家在某一方面的战略目标,这是社会正常运行的基本保障;另一方面,虽然制度所体现的是国家意志,但在特定情势下也会因为利害关系引发社会矛盾,赞成者和反对者两者之间有时会因为某一制度产生尖锐的斗争,两者之间无论是采取对抗性的冲突、斗争、颠覆的手段,还是采取协商、妥协、改良的做法,这样的矛盾运动在终极意义上来说都会促使社会制度发生相应的变化。

二、作为制度文化的院士体制是提升综合国力的重要保障

当国家学术机构的设置和院士遴选一旦成为制度文化的组成部分,它就把努力发展学术研究,积极推进思想、科技和艺术创新上升到国家意志的高度,这样的制度安排如果能够有效地转化为实际的行动,那么,这对于一个国家的科学技术、思想文化和文学艺术的创造与研究来说,就会产生极为重要的促进作用和保障作用,并由此提高国家的综合实力。正是由于很多科学研究和创造发明往往能够为全人类共享,这样的制度也就在某种意义上成为人类社会不断进步的强大动力。这就充分说明院士制度代表着先进生产力发展需要,同时也代表着先进文化发展方向,还由于能够为全世界人民过上幸福生活创造各种现实的条件,因而也代表了最大多数人民群众的根本利益。由此可见,院士制度就在文化和智慧的层面上代表着全人类的先进生产力、先进文化和人民群众根本利益。因此,它不但具有强大的生命力,而且能够在先进的社会制度和政治体制的引领下,为人类社会的历史发展发挥某种决定性的作用。

1.院士制度对于提升国家综合实力的长远意义

邓小平同志明确指出"科学技术是第一生产力"[①],这一重要思想以高屋建瓴的理论勇气和实事求是的科学态度,从当代高新科技取得伟大成就的客观现实出发,对马克思主义的科学技术基本思想进行了深刻而又精辟的阐述与发展。这一观点不仅更明确更深邃地阐明了科学技术在人类社会发展中的伟大使命和巨大贡献,对于人类更深入地认识科学技术的本质特征和社会功能,做出了新的理论概括,而且对于大力迅速改变我国当时由于历史的原因以及思想观念上的错误所造成的科技研究和创新落后于世界先进水平的现状,推动改革开放和社会经济文化的发展起到了巨大推动作用,同时对于我们深入理解院士制度伟大的现实作用和深刻的历史意义,同样具有十分重要的启迪意义。

科学技术作为第一生产力,它就应该走在社会各领域的前头。只有科学研究和技术创新不断地取得突破性的成就,社会生产力才有可能在积极利用

---

① 邓小平:《改革科技体制是为了解放生产力》,《邓小平文选》(第 3 卷),人民出版社 1993 年版,第 107 页。

新的科研成果和技术进步的基础上向前发展,而生产力的提高又必然会使人民群众的生活质量得到相应的提高。要实现这样美好的愿望,很重要的一点就在于把科学研究和技术创新及其他方面的探索活动纳入国家发展的整体战略,或者说以国家意志的名义培养科研队伍,整合研究力量。这就要求把一切探索客观世界奥秘的研究活动,一切有助于改善生活水平的技术创新活动,一切思想和艺术领域的创造活动,都给予崇高的社会地位和合理的经济报酬。在所有这些创造性工作中取得杰出成就、做出巨大贡献的人,都应该通过授予荣誉称号和重大奖励来加以表彰和鼓励。这样做,一方面,对探索研究等所有创造性劳动的充分肯定,就能够使全社会更准确地了解在科学的高峰上不断攀登的勇士们和先行者的光辉业绩,更深刻地理解科学研究等各种创造性、探究性活动所需要的百折不挠的坚强意志,艰难困苦玉汝于成的奋斗经历,就能够鼓舞更多的人投入到科学研究、技术创新、思想探索和艺术创造中来,真正形成万马奔腾、万众创新的大好局面;另一方面,当科学技术研究者、思想文化探索者和文学艺术创造者一旦获得了国家的支持,就能够在组织机构、人才队伍、技术装备和经费保障等各个方面都有基本的保证,这就使科学研究和一切创造性活动具有可持续发展的势头。同时,这些专家学者尤其是各个领域的领军人物,当他们的研究工作得到社会的高度重视和充分尊重的时候,崇高的荣誉、良好的心境会使他们以更坚强的意志、更真挚的情感、更活跃的思维、更艰苦的努力,全身心地投入到研究工作中去,那就完全有可能创造出更加辉煌的研究成果,把他们所从事的创造工作推向一个崭新的水平。院士制度就是对于具有重大贡献的杰出人士最重要的一种激励机制,它的核心就是站在国家意志的高度,对在科学研究事业中做出卓越贡献的杰出人士的褒奖表彰,让全社会都重视并崇敬他们在科学技术和一切探索性活动中做出的创造性业绩。这样的认同和肯定不但会成为巨大的激励,而且还会产生“一花引来百花放”的榜样效应,鼓励更多的有识之士投身科学研究和各种创造活动,把自己的一切奉献给人类最伟大最壮丽的创新和研究工作。

院士制度以及国家学术机构的建立,还能够使现代科学研究工作从自为的状态向着自觉的状态转化。这就是说,当代科学研究因为人类社会实践的不断深化和研究水平的不断提高,尤其是在当今互联网开始普及的信息时代,人类知识的获得、积累、更新都处在一种重力加速度的发展状态之中,用“知识爆炸”来形容人们把直接经验转化为间接经验并传输给社会的速度,可以说已经不是什么文学的夸张了。这样的时代特征决定了当今的科研工作已经不能完全依靠个人兴趣和个体努力来进行了,类似散兵游勇式的研究工作的组织方式也早已不适应今天的科研任务了。像"两弹一星"、载人航天工程、超级计算机、跨海大桥、南水北调等大型工程,本身需要一大批科学技术人员的参与,而像大数据、"云计算"等新观念、新方法和新装备的问世,都需要通过科学的筹划、系统的组织、严格的管理才能进行。而这样的科学技术创造活动,没有一个权威性、专业性、系统性的机构来担任组织领导工作,不要说研究和建设工作的具体实施,就是这类重大项目的提议、论证,都是不能想象的。

就拿中国在 20 世纪 80 年代作为国家科技发展战略的"863 计划"来说,就是由一批德高望重的科学家首先向国家领导人提出来的,他们大多是当时的中科院学部委员,也就是后来的中科院院士。1986 年 3 月,中国科学院四位资深院士:著名应用光学家、"中国光学之父"王大珩,著名核物理学家、中国核科学奠基人与开拓者王淦昌,航天技术与自动控制专家、中国自动检测学奠基人杨嘉墀,著名无线电电子学家、中国卫星测控技术奠基人陈芳允联名向中共中央写信,提出要跟踪世界先进水平,发展我国高技术的建议。邓小平同志对四位院士的来信高度重视,亲笔批示"此事宜速决断,不可拖延"。小平同志这一批示高瞻远瞩一锤定音,这一伟大的战略决策为这 30 年中国高新科技研究和发展奠定了思想基础、政策支持和经费保障。经过广泛、全面和极为严格的科学论证后,中共中央、国务院批准了《高技术研究发展计划(863 计划)纲要》。从此,中国的高技术研究发展进入了一个新阶段。实践已经充分证明 863 计划对于中国的国防科技赶超世界先进水平,经济文化创造新的繁荣,起到了一种战略突围的巨大作用。历史将永远铭记小平同志慧眼识珠的英明伟大,也将铭记王大珩、王淦昌、杨嘉墀和陈芳允四位院士高度的政治责任感和科学家的学术勇气,正是由于他们凭着自己的丰厚精深的知识积累,科学报国的赤子情怀,才能对世界高新科技的发展趋势做出准确的判断,才能提出中国赶超发达国家先进科技的基本理念和重大举措。从中可以看到,院士群体对于一个国家的科研事业和整体发展所发挥的举足轻重的作用,可以说是其他社会团体无法比拟的。

院士群体对于国家的科研实力和综合国力的提高之所以能够起到如此重要的作用,是由于以下几个方面的因素决定的:

首先是自觉的身份意识对使命感和责任感的不断强化。院士群体尤其是资深院士,多年来在各自的研究领域中坚持不懈地探索客观世界的奥秘,他们总是在不断超越他人、超越自己的艰苦努力中攀登高峰,已经成为这一学科的学术权威和领军人物。他们在掌握了渊博的专业知识的基础上,在量变向质变的飞跃中,不断地进行着智慧的升华。知识生产和智慧拓展在积极的互动中形成的良性循环,能够帮助院士群体成为最为博学多才与聪明睿智的人才集团,这种在科学探索的长期实践中得到的收获,其实就是人类心智不断进步的典型表现。因此,当国家授予他们院士这样的荣誉,就会使这些已经取得非凡成就的杰出人士更加自觉地意识到戴上院士桂冠不仅仅是荣誉,而且是国家从制度层面上肯定了自己以往的研究工作和所做出的贡献。更为重要的是,作为把生命的全部力量都投入科学研究事业的仁人志士,崇高的思想境界、丰富的人生阅历、坚定的奋斗目标都会促使他们更加清醒地认识到国家和人民的殷切期望,更加强烈地感受到作为院士应该有更大作为的自觉性。这就是说,特殊的身份同时也是一份特别的担当、一种格外重大的激励。获得院士这样的殊荣就应当以更大的付出投入到研究工作中去——自觉的身份意识有力地强化着他们的使命感、责任感,鼓励着他们以坚韧不拔的意志、百折不回的毅力、筚路蓝缕的奋斗和实事求是的精神,向着新的未知世界发起一轮又一轮的冲击,披荆斩棘的艰辛往往能够在一次又一次的再坚持一下的努力之中,走出那种“山重水复疑无路”的困境,迎来“柳暗花明又一村”的艳阳天。

2015 年 5 月 31 日中央电视台《新闻联播》节目,报道了中国科学院院士、清华大学副校长薛其坤教授带领的团队取得的一项重大基础物理学研究成果。他们在实验中发现了“量子反常霍尔效应”,物理学界认为这一发现“很可能引发一次信息技术革命”。这一研究是对德国物理学家 1980 年发现的“量子霍尔效应”的再探索,霍尔和他的同事们发现在强磁场下可以让电子有规律地运动,但不损耗能量。这一成果使物理学家认识到,应该还存在着“量子反常霍尔效应”,这是指不需强磁场,也能使电子运动而没有能量损耗。这一推测的证实必须建立在大量实验的基础上,薛其坤教授在以往的研究中已经取得了很大成就,所以才有资格当选为院士。但是成为院士以后,他和他的团队没有停下探索的脚步,没有捧着功劳簿沾沾自喜,而是一头扎进实验室里,他的工作日历里没有双休日,也不是一天工作 8 小时,而是一周六天,早晨 7 点就到实验室,晚上要到 11 点才离开,同事和学生们戏称他是“seven-eleven”教授。个中的艰辛,用“废寝忘食”四个字来形容一点也不为过。在经历了 4 年的探索之后,薛其坤团队找到了一种名为"磁性拓扑绝缘体薄膜"的特殊材料,用这种薄膜做实验,终于观测到"量子反常霍尔效应"。薛院士和同伴们的发现,可以在未来的电子器件开发创新中发挥特殊作用。这项研究成果目前在同行中处于遥遥领先的位置,但和所有满怀远大理想的科学家一样,薛其坤院士仍然没有停步,他的团队在继续奋斗,他们正在研究把目前在零下270℃的条件下进行的实验,放在常温条件下来做,就能加快它的应用步伐。薛其坤院士怀着巨大的科学勇气,带领着一批年轻的研究者,坚持不懈地探究未知世界的奥秘,努力实现科学研究继续向着新的深度不断前进的历史使命。由此可见,像薛其坤一样,院士们普遍意识到,自己这一身份正是体现了国家的重视和关怀,更进一步促使他们攀登新的科研高峰,而这就是国家设立院士制度的初衷。这样一种制度的设计和运行,对于一大批学术精英、创新先锋提供了强有力的保障和激励,为他们全身心地投入到探索未知世界和创建新的人造世界奠定了基础、开通了道路并提供了支持。这就是说,院士制度巨大社会功能就在一大批极为优秀的科技英才的研究实践和创造活动中得到了不断的证实。

其次是对于社会现实的深入把握使他们提出发展科学研究的战略思考。院士群体由于拥有丰富的知识和高明的智慧,因此他们不会被纷繁复杂的社会现象所困扰,神思和慧眼能帮助他们及时而透彻地发现现实生活和研究领域中的新问题,并且能够较为准确地找出那些影响人类文明进步的症结,从而把发现问题作为解决问题的第一步加以认真对待。正因为院士们具有敏锐的洞察力,他们就能够较为准确地看到自然与社会中那些急需解决的问题,然后想方设法提出解决问题的方法和路径,引领全社会共同关注一些牵涉人类文明进步和推动历史车轮前进的主要矛盾,并且通过组织队伍、凝聚力量,寻找科学的方法协同攻关去破解那些阻碍历史进程的难题。

联名致信邓小平同志的四位资深院士能够敏锐地观察到世界高新科技发展的新趋势,准确掌握信息技术、生物技术、新材料等科技领域所出现的巨大突破,密切关注新技术革命浪潮对于全球高新技术及相关产业带来的冲击,深刻认识这一潮流已经成为综合国力竞争的主要手段,强烈感受到作为一名院士应该当仁不让地承担起自己的责任和使命。实践证明,四位院士以高度的家国情怀和严谨的科学态度提出的重大建议,引起了党和国家最高领导层的高度重视,可以说是资深院士登高一呼,举国上下都受到极大的震动。当院士们在反复研究的基础上提出来的真知灼见最终上升为国家意志的时候,当863 计划成为国家战略部署加以实施的时候,也就意味着凝聚了全国科研人员奋力拼搏的攻关合力。于是,努力掌握新知识新技术,积极抢占科技制高点和前沿阵地,就成为广大科学技术工作者的自觉行动,成为振兴中华、建设社会主义现代化国家的根本途径。经过三十年卧薪尝胆、奋发图强的努力,一个经济上更繁荣,政治上更独立,战略上更主动的社会主义发展中大国已经屹立在世界的东方。而863 计划的首倡者——王大珩、王淦昌、杨嘉墀和陈芳允院士的英名,将永远镌刻在中国现代科技发展史和国家现代化建设的创业史上,而这也就是院士制度在国家战略决策中所发挥的历史性作用的具体体现。

再次是院士群体在重大攻关项目中发挥的核心作用。院士制度还有一个重要的社会功能,就是在现代大型科研项目中发挥组织作用,从而成为系统工程的支撑体系。院士制度本身就是为了适应科学技术发展的需要而诞生的,同时伴随着机械化、电气化、自动化等一系列创造发明新成果的涌现而不断优化、不断完善,而院士群体正是在取得辉煌的科学研究成就的过程中,以呕心沥血的探索和创新推动着人类文明的进步。当他们的研究登上一个高峰之后,还来不及更多地享受成功的喜悦,马上就会发现还有更高的山峰横亘在前进的道路上,他们很快就鼓起奋斗的勇气,集合前进的队伍,认准攀登的目标,找到最佳的路径开始了新的攀登征程。正是由于人类对于客观世界的认识是无穷尽的,而探究自然和社会深层本质的规模越来越大,困难越来越多,工程越来越浩繁,因此,科研工作需要付出的智慧和精力也就越来越多,涉及的学科领域越来越广,这就必然要求更多的科研工作者集聚在一起,每个人都把自己的智慧最大限度地贡献出来,整个团队就在智慧、知识、技术的高水平乃至超水平的发挥中形成巨大的正能量,从而完成一项重大项目的研究,把人类认识客观世界的相对真理拓展到一个崭新的阶段。

一项重大的科学研究项目和技术创新任务,总是需要集合各个专业领域的顶尖专家组成一支高水平的攻关队伍。在这支队伍中,院士群体由于已经取得的辉煌业绩和崇高威望,必然成为其中的核心力量,他们是整个项目的设计师、领路人和实干家,无论是整体方案的设计与完善,还是研究过程中尖端问题的突破,抑或是实验设备和仪器装备的创造发明,院士都是解决问题的主力军,是广大科研人员的主心骨。在我国现代化建设中如"两弹一星"、载人航天、三峡工程、纳米技术、激光应用、高速铁路等一系列重大项目的圆满完成,离不开院士群体的杰出贡献，正是因为有了这样一批在世界优秀科学家之林能够傲然屹立的英才团队，我们的重大项目才能得到一个又一个的成功。

就拿开启中华民族伟大复兴光辉序幕的"两弹一星"来说，院士群体所起的决定性作用永远值得我们全民族的崇敬。20世纪50年代，新中国刚刚诞生，国际上敌对势力掀起了一波又一波的核讹诈和军备竞赛的浊浪，形势十分严峻。党的第一代领导集体审时度势，毅然做出了研制原子弹、导弹和人造卫星的战略部署。1956年，国家把导弹、原子弹的研制列入十二年科学技术发展规划，在很短的时间内调兵遣将，组成了各个领域的攻关队伍，一批院士义不容辞地挑起了关系到国家安危的重担。他们以命相搏，用和时间赛跑、跟对手较劲的生死时速，仅用了4年时间，在1960年就成功地发射了第一枚我国自主研制的导弹。1964年10月第一颗原子弹爆炸成功，只过了3年又成功爆炸了第一颗氢弹。1970年第一颗人造卫星——东方红一号在浩瀚的天穹播放着壮丽的乐曲绕地球运行，中国成为世界上第五个能独立研制、发射人造卫星的国家。此后，我国国防科学技术逐渐驶入了发展的快车道，中国人掌握了中子弹的设计和核武器小型化的尖端技术，研制发射了多种型号的战略战术导弹和运载火箭，核潜艇胜利下水，潜艇在水下发射战略导弹，返回式卫星、地球同步轨道太阳同步轨道卫星和北斗导航系统，令人目不暇接。这些巨大成就的取得，是中华民族能够屹立在世界东方的根本保证，也是中国人民站起来了的重要标志。这些伟大成就极大地鼓舞了人民的斗志，极大地增强了我们的民族凝聚力，极大地激发了群众的爱国热情。邓小平同志说得好："如果六十年代以来中国没有原子弹、氢弹，没有发射卫星，中国就不能叫有重要影响的大国，就没有现在这样的国际地位。这些东西反映一个民族的能力，也是一个民族、一个国家兴旺发达的标志。"①所有这些重大项目的成功，跟一批掌握了尖端科学技术，又竭尽全力把自己的聪明才智无条件地奉献给国家的院士群体是分不开的，没有他们披肝沥胆的忘我奋斗，没有他们高瞻远瞩的运筹帷幄，没有他们在第一线事必躬亲的艰苦操劳，要在短短二三十年时间里获得这么多的辉煌成就是根本不可能的。

国庆五十周年前夕，中共中央、国务院及中央军委表彰了23位为研制

---

① 邓小平：《中国必须在世界高科技领域占有一席之地》，《邓小平文选》（第3卷），人民出版社1993年版，第279页。

"两弹一星"做出突出贡献的科技专家，他们是：王淦昌、邓稼先、赵九章、姚桐斌、钱骥、钱三强、郭永怀、钱学森、吴自良、陈芳允、杨嘉墀、彭桓武、朱光亚、黄纬禄、王大珩、屠守锷、程开甲、王希季、孙家栋、任新民、陈能宽、周光召、于敏。这些闪耀着璀璨光辉的英名，仅仅是"两弹一星"英雄群体的杰出代表，还有很多当选为院士的科学家为了保卫祖国、建设祖国都在忘我奋斗，都建立了不朽的功勋，他们都是两院院士的杰出代表。我们完全可以这样说，院士群体在国防科研重大项目中的贡献居功至伟，这是院士制度所发挥的极为重要的社会功能的又一方面的体现。

最后，院士体制在制度文化上的社会功能还表现在人才的选拔、表彰和奖励上。任何一个具有上进心的民族，总是把"知识就是力量"作为引导民众积极向上的号角和民族发展进步的灯塔，把尊重知识、尊重人才作为强国富民的根本途径。院士制度本来就是在科学技术开始成为社会发展的重要动力时应运而生的，这一历史背景决定了院士制度的本质特征，也是这一种制度能够面向世界积极扩展，并且表现出越来越强的生命力的内在原因。但是，历史的发展过程有时会呈现出一定的复杂性和曲折性，在某些特殊的情况下也会出现一些反知识、反科学、反文化的野蛮言行，例如几十年前发生并且历经十年之久的"文化大革命"及其最为凶残的表现——所谓"破四旧"，其实就是愚昧无知而又偏激狂妄的"愤青"，在一些身居高位的阴谋家们的煽动和唆使下做出来的毁灭文化的打砸抢烧暴行，"读书无用论"、"知识越多越反动"等极"左"思潮一时甚嚣尘上；今天宗教极端主义势力在中东等地的倒行逆施，对人类文明肆无忌惮的破坏，同样犯下了令人发指的逆天大罪。虽然这样一些恶劣的行径，只是人类文明进步历史长河中的几股逆流、几朵浊浪，"青山遮不住，毕竟东流去"，全世界求进步、求知识、求文明的滚滚洪流绝不会被这样几个小小的旋涡所阻挡，但是，这种反文明、反人类的丑恶就像地沟里的阴风鬼火，时不时地打着各种冠冕堂皇的幌子从泥沼里冒出臭气冲天的气泡。因此，一切坚持真理、崇尚善良、追求美好的人们对于这种逆历史潮流而动的丑恶行径必须展开坚决的斗争。

2. 院士制度有效促进了重大现实问题的解决

院士制度就是以国家行为的名义，对于那些在科学研究的海洋中遨游，在历经千辛万苦的奋斗之后，终于能够征服未知世界的激流险滩，成功地登上前人还没有到达过的新的彼岸。他们的成就从不同领域、不同层次深化了人类对世界的认识,充实了人类社会的知识积累,提高了人们的智慧水平。他们有的创造发明了新技术、新工具、新装备,帮助全社会有效提高生产能力和生活质量,为人的本质力量的充实和拓展创造了重要条件;有的则通过客观规律的掌握,促进了人类对于认识世界改造世界的相对真理的把握,为新的社会实践取得更大的成功奠定了更为扎实的基础。对于这样艰苦卓绝的努力,这样光辉灿烂的成就,真正甘于献身于科学的勇士们是不会讲究回报的,但是,我们的社会却必须让那些为人类进步做出了较大贡献的人得到高度的肯定,必须让他们获得应该得到的荣誉和尊严,必须尽最大的力量在物质和精神上给他们以崇高的奖励。因为只有这样,才能促进作为第一生产力的科学技术得到更快的发展,才对得起科研工作者用自己的聪明才智和生命的全部力量去探索去创造,才能更好地发挥榜样的无穷力量,才能使脚踏实地、埋头苦干、忘我工作的正能量得到充分的释放,而那些唯利是图、巧取豪夺、荒谬绝伦的丑恶言行如老鼠过街人人喊打。因此,只有让那些最能吃苦、最能战斗、最能奉献的人堂堂正正地戴上光荣的桂冠,只有对他们创造的伟大业绩给予最充分的肯定,整个社会才会充满无穷的前进动力,创业创新才能成为广大人民群众的自觉追求。这样,院士的遴选也就在制度层面发挥了重要的引导作用。

人类能够通过间接经验的世代传承而富有智慧,这一特征确实让人类具有揭示客观世界奥秘、把握事物内在规律的优势。但是,由于人们所面对的大千世界在广度与深度上都是没有止境的,所以人们通过认识客观事物的规律所获得的相对真理,永远只是广袤无边的对象世界的一部分,那些已经被人类意识到或者远没有意识到的未知世界,不但比人类所掌握的已知世界要大得多,而且随着人类掌握的相对真理的增加,新的未知世界就会不断地被发现。于是,认识未知世界也就成为人类社会的永恒的课题。文化人类学所表现出来的这样一种规定性,总是推动着人类在探究未知世界内在规律的道路上奋勇前进,而任何新发现、新发明、新创造,对于人类来说就是最为重要的收获,最有意义的成就。当这样的发现发明开始进入系统化,并且成为社会进步的第一推动力的时候,院士制度不但应运而生,而且作为一种重要的表彰机制发挥了巨大的正能量,一批批卓越人才在制度文化的激励、鼓舞、保障和褒扬之下,充分运用自己的智慧、勤勉和机遇,在浩瀚无际的未知世界中艰难跋涉、刻苦钻研,往往经历过探索—失败—再探索的艰难困苦,以最坚强的意志、最坚定的信心、最坚韧的毅力、最坚决的行动,把相对真理拓展到新的广度和深度,为社会实践获得新的成功创造了条件。

院士制度对于为科学研究做出卓越贡献的杰出人才的表彰奖励，最重要的就表现在对于他们在创新过程中的巨大付出以及由此获得的重大成就的充分肯定和高度推崇上。这种创新既有基础理论研究上的突破，也有解决重大现实问题燃眉之急的成功：前者的研究成果大多还是理论探索方面的新收获，有些成果可能暂时还不会对社会生产力和人们日常生活水平的提高产生直接的作用，但是基础理论方面的创新对于人类更深刻地认识世界，却具有非常重要的意义——这些建立在反复的科学实验和严密的逻辑推理循环往复的实证基础上得出来的结论，往往可以在一个更为广阔的领域内引发新的创造发明，因为对于客观世界不断深入的探究，就是为了使人类能够更好地在合规律性的基础上成功进行合目的性的创造活动；后者则是客观现实直接向科学研究提出问题，这些问题往往是社会运行过程中急需解决的大问题，例如当今人类社会在发展过程所遇到的环境污染、资源紧缺、温室效应、地震、泥石流等等，还有那些严重危害人类生命的病毒和细菌，就像从被打开了的潘多拉魔盒夺路而出，癌症这一老顽疾还没有被攻克，艾滋病在几十年间就蔓延到全世界，"非典"的阴影还未完全消退，禽流感、中东呼吸综合征及埃博拉病毒又接踵而至……更不要说那些复杂尖锐的社会问题，仅仅是自然界的威胁已经让人类疲于应付了。面对这样严峻的现实问题，人类既不可能依靠神仙佛祖，也不甘心在自然灾害面前束手无策，任凭各种灾难肆无忌惮地祸害自己，唯一的出路就在于运用人类永不枯竭的聪明智慧所蕴含着的强大力量去征服它们。

院士制度在解决现实生活中重大问题中发挥着不可估量的作用。无论是制约人类社会发展的那些老大难问题，还是饥馑、荒漠化、极端天气、地质灾害及环境污染等长期妨碍人类过上美好生活的基本困难，都需要一大批科学家用自己的知识、智慧和勇气，向困难发起挑战，在群策群力、你追我赶的不懈奋斗中，扼住那些破坏平安美好生活的灾祸与不幸的咽喉，人间奇迹就是在一些特别能吃苦、特别能牺牲、特别能创造的英才们率先冲锋中产生的。

著名的水稻育种专家、中国杂交水稻之父袁隆平就是怀着让全体中国人民都能吃上饱饭的梦想，进行杂交水稻的研究。为了杂交水稻，他奉献了自己的一切，知识、汗水、灵感、心血，所有这一切都是为了完成杂交水稻育种这个神圣的梦想。研究刚刚起步时，各方面的条件都十分匮乏，为了获得一株育种必需的水稻天然雄性不育株，1964年到1965年夏季，他和新婚妻子一起，受着烈日的炙烤,在安江农校实习农场和附近生产队的稻田里,大海捞针般地一遍又一遍地寻觅。连续两年的不懈努力总算有了收获:在查看了 4 个常规水稻品种的 14000 多个稻穗后,终于发现了 6 株雄性不育的植株。

田野上烈日灼烤、风吹雨打、毒虫叮咬,这些苦难都难不住这位胸怀大志而又脚踏实地的科学家,在夏日的育种试验田里,一个品系接一个品系地栽种,一茬又一茬地反复实验,培育出来的杂交水稻品种不断优化,产量不断提高。随着杂交水稻优质品种的推广,中国粮食产量得到了迅速提高,全国人民都能吃上饱饭的梦想成为现实。就是在全国大动乱的 1966 年,在经过两个春秋的艰苦试验,掌握了更多有关水稻雄性不育株的资料之后,袁隆平把试验中获得的数据进行系统分析,撰写出一篇重要的论文——《水稻的雄性不孕性》,在中国科学院出版的《科学通讯》第 4 期发表。这篇论文的发表,不仅标志着普通意义上的水稻育种课题的启动,而且开创了一个崭新的科学研究领域。在随后的 30 多年间,袁隆平在杂交水稻这个领域始终保持着世界领先地位,他的研究成果一个接一个,他创造的杂交水稻神话奇迹般地涌现。从 1976 年至 1999 年,我国累计推广种植杂交水稻 35 亿亩,增产稻谷 3500 亿公斤,相当于解决了 3500 万人口的吃饭问题,确保了我国以仅占世界 7% 的耕地,养活了占世界 22% 的人口。

袁隆平用自己的科学知识,历经千辛万苦,终于圆了中华民族几千年都在期盼的梦想,谱写出震惊世界的杂交水稻研究的华丽篇章。这是袁隆平和他的团队,经过千辛万苦之后终于创造出来的奇迹,这一伟大事业为解决中国人乃至全世界的粮食短缺问题做出了巨大贡献,他也光荣地当选中国工程院院士、美国科学院外籍院士。

"沧海横流,方显出英雄本色",人类社会的发展和所有事物一样,绝不可能是一帆风顺的——各种突如其来的自然灾害,危害人类生存的瘟疫疾病,由于受眼前利益的驱使,却对人类的长远发展造成潜在危险的生活方式或生产方式,往往会给人们带来极大的戕害。面对这样一些凶险,总是需要富有智慧和勇气的英雄站出来,带领广大民众寻找隐藏在纷繁复杂的现象后面的本质,迅速抓住要害问题并对症下药,采取最恰当的措施,完成救苦救难的伟大使命。这种解决危机的工作往往面临着重重困难,有时运用各种各样的方法之后,仍然没有办法找出造成灾祸的原因并给以毁灭性的打击。然而,就在这种一筹莫展的紧张焦虑中,如何尽可能充分运用科学文化知识,并使它们在融会贯通中找到解决问题的突破口，就是那些在与灾祸搏斗中冲锋陷阵的领军人物的重要使命。这里不仅需要有"再坚持一下的努力之中"的耐心和毅力，更为重要的是在知识、智慧、方法和胆魄所合成的坚毅的信心和力量中去发现问题的症结所在，敢于突破固有的思维定式，运用新观念、新方法和新材料，在大胆试验的积蓄中形成飞跃的良好态势，为解决问题奠定胜利基础，并在最后的搏击中取得完全的胜利。

2003 年春天，广州暴发了"非典型性肺炎"，这一过去从未听说过的急性传染病来势汹汹，在短短几十天的时间里不但夺去了几十个患者的生命，就连参加抢救病人的医生护士，也有人被传染。而且这种疾病还向香港、北京等地扩散，大有"黑云压城城欲摧"之势，疾病所带来的灾难眼看就要更为广泛地降临到人民群众头上。面对病魔肆虐，医护工作者在全力投入抢救的同时，都迅速行动起来追究戕害人民生命、给社会带来巨大恐慌的根源。有人提出"衣原体"是这种"非典型性肺炎"的元凶，也有人认为是"支原体"在那里作怪，一时众说纷纭，莫衷一是。没有能够找到真正的病根，对症下药也就无从谈起，抗击"非典"的战斗只能停留在治标不治本的被动境地。

就在这危难时刻，中国工程院院士、广州医学院呼吸病研究所所长钟南山研究员挺身而出——他在诊疗第一线全面观察病患的临床症状的基础上，科学分析病人呼吸系统受到严重伤害导致丧失生命的根本病因，深入研究相关流行病学的统计资料，最终发现这种"非典型肺炎"是由冠状病毒引起的。由于钟南山教授的结论跟当时某些掌握了更大话语权的人发生了矛盾，这一从救死扶伤第一线得出来并且通过严格的科学论证的结论却受到了某些人的怀疑与非议。在这救命如救火的关键时刻，如果那种畏惧权势的懦弱以及从个人利益出发的患得患失的想法占了上风，都会失去狙击病魔的最佳战机，凶恶的冠状病毒就有可能肆无忌惮地扩散，更多的人就会遭殃，甚至被夺去最为宝贵的生命。在这千钧一发的紧要关头，钟南山院士挺身而出，他在深入论证、强烈坚持自己的学术观点的同时，抱着"明哲保身不是科学的态度，敢于坚持真理就要面对客观事实"的态度，向高层决策者申诉自己的意见，提出了更加科学合理的治疗方案。丰富的临床经验、严密的医学论证、大无畏的学术勇气和敢于担当的社会责任感，迅速获得了同行及高层次专家的支持，他们认可了钟南山院士的结论，把杀灭冠状病毒作为抢救病人的根本手段，并且把钟南山院士的治疗方案迅速在全国医疗机构推广。对症下药的救助方法和预防措施很快发挥了作用,一时让国人束手无策而谈虎色变的"非典",很快就在全国范围内得到了有效控制,并且在此后不到两个月的时间里销声匿迹,中国取得了抗击"非典"的全面胜利。当然,战胜这一灾难的彻底胜利,是全国医学专家和医务工作者共同拼搏的伟大成果,有的医务人员甚至在这场没有硝烟的战斗中以身殉职,他们在极为困难的境况下冒着生命危险抢救病人,这种高尚的敬业精神和人文情操,永远值得充分肯定。但必须指出的是,钟南山院士作为研究和治疗呼吸系统疾病的顶尖专家,没有高高在上的架子,没有患得患失的顾虑,而是不顾已近古稀之年的高龄,在诊疗第一线废寝忘食地工作,又能够在实践的过程中在大胆探索的基础上坚持自己的真知灼见。这样的科学态度和钻研精神,充分显示了一个科学家的非凡的智慧、过人的胆识和高尚的人格,院士的专业才华、献身精神和社会贡献就在人民群众危急之时闪耀出特别耀眼的光辉,科学和人格的双重力量,又一次充分展示了院士制度的重要与伟大。

上面两个例子告诉我们:无论是在经过艰难困苦的科学实验的基础上,一步一步揭开客观世界的谜团,不断逼近事物的本质特征,最终在合规律性与合目的性的统一的科学实践中,成功解决了重大社会问题,实现了造福人民的伟大理想,科学家本人也因此得到社会的普遍尊崇,并由于特别重大的科学研究成果而当选为院士;已经是院士的著名科学家,在国家和人民遭受危难的时候,能够急人民之所急,敢于临危受命,站到斗争第一线,运用自己的知识和智慧,既能带领团队冲锋陷阵,更能以自己渊博深湛的知识结构、运筹帷幄的战略决策、独具慧眼的观察能力和泰山压顶不弯腰的人格力量,充分发挥了院士在解决重大实际问题中的决定性作用,为广大人民群众排忧解难,这种救民于水火之中的具体行动也就让全社会更具体、更真切地感受到院士制度所具有的深远历史意义及所发挥的重大社会功能。

袁隆平在开始从事杂交水稻研究时,为的是大幅度提高水稻产量以解决中国粮食短缺的现实问题,能不能评为院士应该不是他所考虑的问题,因为在20世纪60年代,极"左"思潮严重地冲击了中国国家科学研究机构的基本体制,不要说当时根本没有院士制度,50年代建立起来的科学院学部制度和学部委员实际上都已停止了正常的工作,搞科研不但得不到鼓励和支持,反而会被扣上资产阶级知识分子、反动学术权威等帽子,遭受无端的舆论批判乃至人身攻击。可见,是期盼国家富强人民富裕的拳拳之心,是科学家发自灵魂深处的良知良心,才使他和他的同事、学生们在经历无数艰难困苦之后,终于迎来了应该得到的成功的喜悦。所以,袁隆平最终成为院士,是一项正确而伟大的制度最终发挥出强大召唤力的表现,更是这样的科研体制方面在制度上显示出来的重大社会意义的确证。

而钟南山教授在抗击"非典"时,当然清醒地意识到自己的院士角色,并且自觉地认识到这一点:院士的称号,不是拿来作为躺在以往的成绩上坐享其成的资本,更不是拿院士这样的光环作为躲避危险的借口,院士这一份荣誉应该是沉甸甸的责任和奋起拼搏的动力,是战斗的号角和前进的旗帜,在这样一场异常艰巨的战役中,院士这一称号更应该让它发出鲜艳夺目的科学荣光,应该成为解决艰难险阻的知识的源泉和战胜疫情的坚强动力。正是在这样一种光明磊落的崇高心态的支配下,钟南山院士成功找到了"非典"病根,并且以科学的力量和无私的胆魄顶住各种压力,最终为战胜瘟疫做出了巨大贡献,赢得了人民群众的高度评价,理所当然地得到了党和政府的表彰。他作为一名院士,在人民群众危难之时做出的杰出表现,为院士这一光荣称号增添了璀璨夺目的光辉,同时也极大地提高了普通民众对于院士制度发自内心的认同。

3.院士制度为培养大批创新人才提供了根本保证

院士制度的确立不但为国家的长远发展提供了科学技术和思想文化的支撑,也不只是储备了一批能够解决国计民生中重大现实问题的高水平的专家,它还发挥了为国家培养大批具有献身科学研究、富有创新精神的新型人才的重要作用。众所周知,人类面对的是一个无穷无尽的未知世界,人们在认识和改造自然与社会的过程中每前进一步,总是会有新的问题随之而来,总是会发现还有更多的奥秘需要去继续探索,还需要经过再接再厉的努力,以更艰难、更复杂而又更具挑战性的创造性实践,充分利用人类已经掌握的智慧、技艺和各种设备,去克服阻挡社会前进的困难,解决那些影响社会发展和文明进步的难题。

由于人类历史进程所面临的这样一种现实,所以摆在人类面前认识世界改造世界的任务就是一个永恒的命题,已经完成了的认识和改造世界的任何成果,都只能是阶段性的,绝不可能具有一劳永逸的性质。

形成这一局面的基本原因有三个:

一是人类的欲望是无穷的,掌握了较好的工具能够使生产生活水平得到一定的提高,于是就会渴望有更好的工具把生产生活能力再提高到一个崭新的阶段,这种欲望就成为新的创造发明的驱动力——就拿火车的发明来说,当蒸汽机列车以巨大的动力刚刚登上交通运输的舞台的时候,它的威力简直让人们感到极大的震撼。随着时间的推移,人们就觉得它的速度还不够快,燃煤时冒出来的滚滚浓烟、铿锵作声的噪音,让驾驶者和乘坐者都感到不够舒适。于是,内燃机车、电动机车相继取代了蒸汽机车。但人们对于这样巨大的发展成就仍然不会满足,今天时速可以达到350公里,安静平稳而又舒适的高速列车又将铁路运输提高到一个崭新的水平。然而,这样的成就仍然不会使人类得到最终的满足,对于更加快速更加舒适的轨道列车的期盼,还在激励科研人员继续深入钻研,相信在不久的将来,更新颖、更便捷的交通工具肯定会创造出来。

二是随着各种从事劳动生产、科学研究和生活服务的工具用具和仪器设备越来越精密,以机器人为代表的智能化工具的精益求精,人类掌握世界的能力也就得到了新的拓展。这种拓展就能进一步开阔了人类的视野,以往很多未能进入观察与思考范围的新的陌生事物,就会成为科学研究的新对象。也就是说,人的本质力量的发展水平与意识到的未知世界的疆域是同步扩展的,就像人造卫星发射成功之后,已经掌握了遨游太空的人们,又萌发了登上月球的梦想。1969年美国宇航员成功登月之后,火星就成为下一个探测目标,这些事实充分证明了人类在把握世界的能力得到提升的同时,也就自觉地为自己设定了继续探索新的未知世界的任务。

三是人类在改造自然改造社会的过程中取得的阶段性胜利,有时因为对于客观事物的深层本质的认识与把握不够到位,就会遭到这类客观事物的报复。恩格斯早就指出:"不要过分陶醉于我们人类对自然界的胜利。对于每一次这样的胜利,自然界都对我们进行报复。每一次胜利,起初确实取得了我们预期的结果,但是往后和再往后却发生完全不同的、出乎预料的影响,常常把最初的结果又消除了。"①就像世界上很多国家在实现现代化的过程中社会生产力得到了巨大的提高,但是自然界却通过环境污染、气候变暖、土地荒漠化等问题对人类实施报复,而解决这些问题的出路只能依靠更深入的探索和创造。

人类在知识生产和智慧发展上生生不息、持续不断的特点,决定了以院士群体为代表的创新人才培养是一个永恒的课题。任何一个国家只有始终不渝

---

① 恩格斯:《自然辩证法》,《马克思恩格斯选集》(第三卷),人民出版社1972年版第517页。

地为人才培养提供全面而又完善的保障,才有可能在可持续发展的过程中避免出现人才匮乏困境。院士制度的确立就是国家意志对于创造型人才成长培育的庄严承诺,它以制度的尊严向人民发出召唤,尤其是一些已经把院士制度纳入法制的轨道的国家,就以法律的严肃性和神圣性体现了国家求贤若渴的决心。这种做法具有很多优点,最主要的作用就体现在不会因为领导人的关注点的变换及时局的变化,造成对于人才培养工程的忽视甚至中断,中国 20世纪六七十年代曾经上演过的否定知识、颠覆文明的"读书无用论"的荒诞剧,对于许多亲历过"文革"的人来说,应该仍然是难以磨灭的历史记忆。

国家学术机构和院士制度对于创造性人才的培育可以通过多方面的途径加以实现,但最重要的表现主要有这样几个方面:

首先,院士制度以国家意志的方式对那些在科学研究、创造发明等创新领域做出重大贡献的杰出人士,通过遴选让他们进入院士队伍的行列,对他们为人类、为民族、为国家付出的艰苦努力和各种牺牲,在政治上、精神上和经济上给予适当的报偿。院士这一头衔所具有的崇高的社会声望、丰富的学术资源和优越的科研条件,为他们在院士群体的创造力的集聚效应的作用下,为进一步挖掘他们的研究和创新潜能提供了现实的保证,这就为创造性人才的可持续发展和国家创新能力的不断提升提供了制度的保障。尤其是当它和国家对于科技研究成果的奖励制度形成系统性的机制的时候,就把人才的选拔擢用和成果的肯定推广有机联系起来,使两种制度相互呼应,这样就能产生更大的鼓励效应与激励作用,而很多关系到国计民生的重大科研成果就是在院士的带领下取得的。这些重要项目的研究攻关过程,又是锻炼和培养优秀科研人员的最好机会,一个重大项目的成功往往会有几个杰出人才脱颖而出,这就为院士队伍的后继有人及后来居上的发展奠定了扎实的基础。就拿我们国家来说,《宪法》和《中华人民共和国科技进步法》对优秀科研成果进行奖励,予以明确的规定。许多在我国科学技术创造中做出突出贡献的科研人员和研究团队都获得了国家科技奖励的巨大荣誉,像"载人航天"、"探月工程"、"多光子纠缠干涉计量学"、"硅衬底 LED 项目"、"京沪高速铁路工程"等一些举世瞩目的重大成果获奖,既充分肯定了获奖者当中的院士们崇尚创造、追求卓越所取得的巨大成就,同时也成为今后遴选新的院士的工作的重要依据。

其次,院士这一壮丽辉煌的称号所蕴含的极大荣誉,对于一切有志于从事科学研究和创造性实践的人们尤其是青年学子来说,具有极大的吸引力和号召力。这种力量虽然不排除它在某种程度上包含着社会给予创造者的功利上的回报,但更主要的是把探索未知世界的奥秘,创造出能够更好地满足人民不断发展着的经济文化需要的新理论、新思想、新产品,作为人生的奋斗目标并加以孜孜不倦地追求。这就是说,院士制度就像一盏明灯照亮了人们攀登科学高峰的前进道路,它鼓励着年轻一代如饥似渴地学习前人遗留下来的知识,激发了人们开展创造性实践的智慧和意志。由于院士制度是通过国家制度的形式出现在社会上的,这就使它享有崇高的信誉和高尚的尊严,因而能够得到公民的普遍认同与高度赞许,并由此产生强大的政治号召力和社会动员力,为国家的科学研究培育一支宏大的人才队伍。

再次,院士制度是各国顺应世界科学技术和发明创造迅猛发展潮流的重要表现,世界历史前进的车轮滚滚向前,高新科技、先进思想和当代艺术在新世纪的阳光的照耀下正以雷霆万钧之势开辟着新的天地。哪一个国家在这样激流勇进的时代不重视知识的拓展,不重视创新精神的培育,那就很难参与到国际科学研究和发明创造活动中去,更不要说在其中获得一定的话语权。院士制度通过科研团队和创新人才的培养,就具备了和其他国家开展对话的基础。如果院士制度建设能够取得卓有成效的业绩,那么,这个国家在国际科学技术和创造发明领域就会有自己的立足之地。这不仅仅关系到一个国家的荣誉,更重要的是通过院士制度保证了本国优秀科学家、技术家和艺术家,能够以自己的创造成就为人类做出更大的贡献,而综合国力的增强,又是彻底摒弃落后就要挨打的悲惨命运的必由之路。

正是由于国家学术机构和院士制度在社会进步、经济繁荣、国际强盛和人民幸福等方面所发挥的巨大作用,运用制度文化的力量来保证它的顺利运行和良好发展,也就成为每一个尊重知识、尊重人才、重视创新的有为国家的必然选择。从中国的现实情况来看,我们的院士群体中有着像"两弹一星"元勋,首倡"863"计划的四位资深院士,在科学前沿做出重大建树的陈景润、薛其坤,在解决国计民生重大现实问题中建立功勋的袁隆平、钟南山等一大批把自己的一生都奉献给科学研究、奉献给祖国和人民的英才俊杰,这说明中国院士制度是成功的。虽然跟西方发达国家相比,我国的院士制度还很年轻,在很多方面还需要不断地加以优化,但它在创建时间不是很长的情况下,已经显示出巨大的创造力、强大的生命力和伟大的作用力,并且充满着强劲的发展潜力和美好前景。中国的院士制度必将随着综合国力和科研创造能力的不断提升,以及通过制度本身的优化和完善,必定会在实现中华民族伟大复兴的"中国梦"的历史进程中,在为人类社会向更加繁荣、更加美好的远大目标奋勇前进的康庄大道上,勇往直前,不辱使命,以更强烈、更先进、更生动的时代精神、人文情怀和辉煌业绩,进一步昭显院士制度伟大的现实意义和深远的历史意义,在思想和现实层面引领先进生产力、先进文化的持续发展,为全人类最广大的人民谋福祉。

第五章

精英文化的无限魅力

文化本身的生动性和丰富性，决定了它在类型学研究上的多元性与复杂性。院士文化虽然只是人类文化宝库中很小的一部分，但是它同样可以让我们从各个不同的角度去加以考察。除了从制度文化的维度去分析院士文化的社会功能和历史作用之外，当然还可以从其他的维度对它进行阐释，而精英文化就是一个值得重视的考察视野。

"物以类聚，人以群分"，社会分工决定了不同的人群在历史进程中所担负的实践任务是有所不同的，各类群体所从事的创造活动也各有侧重，而由此留下的历史投影即文化内涵也就各具特点。正是从这一社会存在的客观现实出发，文化研究根据创造主体的特征进行类型学层面的探讨，其着眼点就在于特定人群在社会实践中的具体活动内容、所发挥的社会作用及由此形成的社会影响，尤其需要关注他们对历史进步和人民幸福所做出的实际贡献。这样的研究主要是通过对各类不同的人群，在特定历史时期内的社会实践活动所表现出来的具体特点的揭示、分析及阐释，来研究体现在他们所展示的文化类型中的表现形式、本质特征、社会作用及历史影响。从精英文化的角度来研究院士制度和院士群体，就是建立在这样的理论思考的基础之上的。

一、精英文化的基本内涵

精英文化的概念是以文化主体的社会特性为出发点，通过对作为社会实践主体的人在他们的实践活动中显示出来的基本特征及其实际作用和历史贡献的深入分析，并由此深入到类型学的层次去揭示它的本质特点。这里，作为核心概念的"精英"一词就是对这类文化所具有的特定内涵的揭示。从词汇学的角度来看,所谓"精英",应该包含着这样两个层次:一是指包括人在内的世上万事万物的"精华",就是那些品质最精粹、结构最精密、功能最精彩的象牙塔的顶尖部分;另一层意思是专门指人,这就是人中豪杰,就像李清照诗句所说"生当作人杰,死亦为鬼雄"特殊人才。这些人一般说来都具有精深渊博的知识、精明超人的智慧、精湛巧妙的技能、精悍勇敢的作为,当然有的人是在各个领域全面发展的全能英才,而有的则是在一个或几个领域登上顶峰,但他们都在各自的创造性实践中做出不同寻常的突出贡献,成为各领域的佼佼者。可见,对于人类社会来说,精英就是最为优秀的那一部分人,他们在推动人类历史进步的过程中总是能够发挥极为重要的引领作用。因此,首先对精英文化的概念加以简要的阐释,也就显得很有必要了。这个问题从以下两个方面着手展开必要的讨论:

1. 从唯物史观的高度来理解精英文化

历史唯物主义认为,人民群众是历史创造者,因为社会的物质财富和精神财富归根结底都是人民群众所创造的,因此人民群众又是社会变革与进步的决定性力量,"历史活动是群众的活动",①人民群众就是历史的主人。马克思、恩格斯在《共产党宣言》中明确指出:"过去的一切运动都是少数人的或者为少数人谋利益的运动。无产阶级的运动是绝大多数人的、为绝大多数人谋利益的独立的运动。"②马克思主义关于人民群众是历史创造者的观点,是马克思主义基本原理的重要内容,它揭示了历史发展的根本动力,为深刻认识社会发展规律提供了理论指南。

值得指出的是,坚持唯物史观,坚持人民群众是历史的创造者的理论观点,并非与承认精英群体的存在及其发挥的历史作用,处于一种水火不相容的绝对对立的关系,因此,在充分肯定人民群众作为历史前进的根本动力的同时,也必须明确承认精英人物在历史前进中的重要作用:人民群众无论是在物质生产还是在精神生产中都是推动历史车轮前进的主力军,而精英就是带领时代列车前进的火车头。他们在从事创造性社会实践中,不仅承担着保障人类社会生存和发展的伟大历史使命,以意识到的思想内容和自觉的发展欲望

①　马克思、恩格斯:《神圣家庭(节选)》,《马克思恩格斯文集》第 1 卷,人民出版社 2009 年版,第 287 页。

②　马克思、恩格斯:《共产党宣言》,《马克思恩格斯选集》(第 1 卷),人民出版社 2012 年版,第 411 页。

为动力,推动着历史的进步和社会的发展,而且往往在社会实践的重要环节和关键时刻,涌现出一些站得更高、看得更远、想得更深、做得更好的先进分子,也就是说,普普通通的老百姓就是精英人物的母亲,生动丰富的社会实践就是精英人物诞生的土壤。正是由于人民群众在创造历史的过程中努力奋斗、艰苦探索乃至英勇牺牲所形成的强大的力量,才有可能孕育并造就一批时代精英。

然而,从另一个角度来说,精英人物之所以能够在千军万马的人才队伍和浩浩荡荡的历史潮流中脱颖而出,必定在某些方面有一定的过人之处:或者有优异的先天禀赋,用今天的话来说就是智商特别高,在知识的学习中表现出博闻强记、聪颖睿智的特点,他们的智慧在社会实践的运用中显示出纵横捭阖、举重若轻的优势,不但能够最广泛地继承前人流传下来的间接经验,而且能够充分发挥自己的聪明智慧去创造新知识、发明新事物;或者有非常强烈的好奇心,抱着打破砂锅问到底的执着之心去探究未知世界,不断地尝试新的方法,创造新的工具,最终揭示了前人还没有发现的奥秘,为人类认识客观世界开创了新的进程;或者有超过普通人的坚强意志,能够以百折不挠的斗志去克服前进中的艰难险阻,有不达目的决不罢休的勇气和毅力登上胜利的彼岸;有的在某项技术活动中达到炉火纯青的境界,凭着"只要功夫深,铁杵也能磨成针"的恒心,忍受着很多人无法忍受的寂寞与枯燥,经过千百次的锤炼,终于掌握了某项绝技绝活而成为这一行当中出类拔萃的高手。这些人的共同特点就是比起一般的人来,学得更刻苦,想得更高远,做得更踏实,因而成就更加辉煌,贡献格外巨大。正是由于他们能够在自己的实践中走在社会的前列,在自觉适应社会需求的基础上完成自己的历史使命,由此获得令人敬仰的社会地位,成为时代的精英也就不足为奇了。

精英人物在历史发展中发挥的重要作用必须得到充分的肯定。他们通过艰苦探索和不懈奋斗,以卓越的业绩走在人民大众创造历史的宏大队伍的前列。其实,这就是精英人物和人民大众在共同创造历史的过程中表现出来的辩证法——正是人民大众在推动历史车轮前进的伟大实践中培养并且造就了精英;而精英则顺应了历史的要求,担当起大众的嘱托,并且义无反顾地高举旗帜,引领人民群众不断取得改造自然改造社会的胜利成果。这种引领作用有时甚至会改变民族和国家的命运,左右一个时代的走向。古今中外那些为人民的幸福和社会的发展做出了杰出贡献的伟人,无论是思想家、政治家、革命家,还是科学家、技术家、艺术家,他们的伟大就在于能够比一般人更加自觉地顺应历史潮流,更加敏锐地意识到时代赋予自己的任务,更加坚决地为完成伟大目标而勇敢地带领人民群众一起奋斗。因此,他们所发挥的巨大的历史作用必须加以深刻的认识和明确的肯定。正如邓小平所说:"如果没有毛主席,至少我们中国人民还要在黑暗中摸索更长的时间。"①这不仅仅是对毛泽东同志在中国革命和建设中的历史功绩的充分肯定,同样也可以看作是对所有精英人物的引领作用和伟大业绩的科学阐释。可以这样说,邓小平同志这一重要论述,对于我们准确理解精英人物的社会作用和历史地位,具有十分重要的理论指导意义。这就是历史唯物主义对于人民群众和精英人物在共同创造历史的过程中的辩证关系的深刻分析:人民群众创造了历史,同时也造就了精英;精英人物是人民群众的代表,由于具备了特定的主客观条件,他们能够走在历史活动的前列,并且积极发挥引领群众前进的带头作用,尤其是在那些具有决定性意义的重大社会实践胜负成败的关键时刻,精英人物对于现实问题的深刻认识,对于奋斗目标的清醒认识与顽强坚持,对于应当采取何种措施的科学决断,对于困难局面的积极化解使之化险为夷,以及运用人民群众喜闻乐见的方法团结人民,教育人民,形成一支思想统一、目标明确、组织严密、斗志高昂的战斗队伍,这就为最终胜利完成广大人民群众所意识到的伟大任务奠定了基础。

　　人类社会发展史实同样揭示了精英人物所发挥的引领作用的重要性,历史经验告诉我们:一场轰轰烈烈的社会实践,无论是政治运动,还是科技革新,抑或是生产活动,在发展的具体过程中如果没有办法产生出自己的领袖人物,或者未能造就一批英雄,这样的社会实践,即使它的大方向原本是正确的,展开的思路也是合理的,积蓄的力量也具备了成功的可能,却因为缺少足以胜任领导职能的精英而常常会以失败告终。因为没有一个由精英人物组成的领导核心,上述各种积极有利的条件也会随着斗争的深入、创业的艰难和过程的复杂而陷入懈怠、涣散、内讧、蜕化、堕落等各种各样的消极境地,最后不但一事无成,而且还会造成一些灾难性的后果。这样的历史教训,不说比比皆是,也可以信手拈来。因为缺乏精英引领的社会实践,不是在民粹主义的思想泥淖里翻滚,就是在犬儒主义牛粪般的温暖中自我陶醉,群龙无首的最终结果,只

---

① 邓小平:《答意大利记者奥琳埃娜·法拉奇问》,《邓小平文选》(第2卷),人民出版社1994年版,第345页。

能使大众四分五裂,使事业半途而废。这种惊心动魄的历史教训从反面证明了精英人物的引领作用所具有的伟大意义。

2. 准确把握精英人物的科学内涵

真正的精英人物,绝不是招摇撞骗的江湖骗子,那种动不动就自封为"大师"、"教主"、"司令",不是什么"王"就是什么"家",就像鲁迅先生所讽刺的,硬要拔着自己的头发升上天的人,只能是骗子的拙劣行径,他们跟真正的精英人物完全是风马牛不相及的;精英也不是那些自以为是的主观主义者,以为读了一些书,记住了一些金科玉律,能背诵几句圣贤言论,高喊几声豪言壮语,就可以高高在上地指挥一切,这种自以为是、好高骛远的人,往往"无实事求是之心,有哗众取宠之意",结果是成事不足败事有余;还有一些人,因为有高贵的血统、显赫的门第,长辈或者握有大权或者赚到了大钱,他们就和一些乐于谄媚逢迎的帮闲们,想当然地把这些所谓"官二代"、"富二代"视为精英。上面这几种看法之所以是错误的,就是因为真正的精英是引领历史潮流的弄潮儿,是在经历了无数艰难困苦的考验,通过社会实践的反复检验之后才最终进入精英队伍的行列。只有在他们的品德、学识、才华、能力和贡献得到社会实践的反复检验和高度认同的基础上,才有资格成为实至名归的精英。而那些自吹自擂的骗子、自以为是的"大师"及由权势金钱孵化出来的所谓"大腕"、"超星",就是因为没有用自己的知识和智慧,通过艰苦奋斗去服务社会,也就不可能成为推动历史前进的领头人和造福人民的创业者。社会上有不少自封的或者有一批"托儿"哄抬起来的所谓"精英",绝大多数都会被历史前进的车轮抛进渣滓堆里向隅而泣。

此外,要正确认识精英人物还必须注意这样一个问题:精英不是局限在个别的领域,不是某些行业、某些阶层的专利品,各种不同的社会阶层、各种具体的工作内容,都可以成为产生精英的舞台。伟大的政治家由于掌握了先进的思想武器和科学的斗争方法,能够以愈挫愈奋的意志力和登高一呼的号召力,牢牢把握事物发展的正确方向,善于在关键时刻做出正确的判断,能够在敏锐发现问题的基础上找到最好的解决问题的办法,因而能够指引人民群众在伟大的社会实践中取得一个又一个的胜利,这样的政治家不但理所当然地进入精英人物的范畴,而且还是精英群体的佼佼者。但是,很多从事具体的普通工作的人,他们可能对国家大事、天下大势缺乏深刻的研究,没有充分的时间也没有足够的兴趣和能力让他们精通政治,如获得奥运金牌的优秀运动员、能歌善舞的表演艺术家和有着灵巧双手和精湛技艺的非物质文化遗产传承人,正因为他们为社会发展和文化繁荣做出的贡献,同样是在推动着历史车轮前进,因此他们同样是精英。学富五车的博士、教授可以是精英,而文化程度不高却能够在自己所从事的技能型工作中,达到得心应手的水平,在本职工作中做出非凡贡献的国家级技师同样可以是精英;像陈景润那样在科学研究中获得新发现的是精英,而像雷锋那样在平凡的工作中助人为乐的好人也是精英;担任国家主席的刘少奇是精英,而在环卫工作中不怕脏不怕累,为首都的清洁卫生和群众的美好生活而兢兢业业工作的掏粪工人时传祥也是精英,全国劳动模范、北京百货大楼售货员张秉贵,用"一把火"的满腔热情对待顾客,用"一抓准"的高超技能做好工作,同样是这个行业的精英。

这就是说,精英不只是局限在那些高大上的领域,也不是靠出身的高贵和金钱的富有,关键是看你是不是在工作中最大限度地发挥了自己的智慧和才华,有没有为社会做出杰出的贡献,能不能把所从事的工作推进到一个更高的水平。如果答案是肯定的话,那你就完全有可能是这个行业、这条战线的精英人物。可见,精英人物既不是天上掉下来的奇珍异宝,也不是那些在极为重要的特殊领域工作的人独享的专利,更不是贵族、富豪们以高贵的门第和巨额的资产所垄断的封号,而是那些在各自的专业领域里"特别能吃苦,特别能奋斗,特别能创造"的先行者,是那些怀着"我不入地狱谁入地狱"的坚定信念在崎岖的山路上奋力攀登的勇敢者,他们用最艰苦的努力、最艰巨的付出和最顽强的意志为社会进步拼搏,这就是精英群体的本质特征和文化底蕴。

从上面的论述中可以看到,能够获得院士这一光荣称号的思想家、科学家和艺术家,应该都是各个领域成就最大、贡献最大、影响最大的杰出人士,把他们称为精英人物肯定是没有问题的。可以这样说,院士群体就是由那些在自然科学、技术科学、人文科学、社会科学和文学艺术领域中出类拔萃的精英人士组成的,虽然他们的研究和创造活动分布在不同的领域,但是作为精英就会表现出很多共同的特点,必然会有一些独特的文化现象和文化内涵,从而形成院士群体的精英文化,并且由于他们的贡献和名望,对整个社会产生强烈而深远的影响,成为人们尤其是年轻人学习的榜样。这既是社会通过对精英的尊重体现出对一切有益于社会发展和历史进步的创造性劳动的充分肯定和高度崇敬,也是院士们在各自的本职工作之外对于社会的又一种奉献,所以值得提出来加以认真讨论。

二、院士群体在精英文化方面的主要表现

从精英文化的角度来考察院士群体在这方面的表现,有可能会遇到这样一个问题:由于院士们的研究和创造活动都围绕着某一领域最前沿的问题而展开,对于普通民众来说,如果没有丰富的知识积累,院士们工作的艰辛付出以及由此获得的重要成果,大多数人由于较为陌生而不容易了解。特别是涉及新颖深邃的思想观点、复杂深奥的知识体系和高深精微的科学知识,如果不是属于同一领域的专业人士,不用说达到准确理解、全面把握的程度,就是要想获得基本的了解和大致的印象也不是一件容易的事。当年曾经在全国范围内产生强烈反响的陈景润院士在"哥德巴赫猜想"的研究中取得的进展,如果不是在举国上下迎接科学的春天这一历史背景下,没有大诗人徐迟巧妙地把深奥的数学命题转化为诗的语言写成的报告文学《哥德巴赫猜想》,这样深奥的数学研究成果能引起国人的普遍关注是不可能的事。今天施一公院士在剪接体的三维结构、RNA剪接的分子结构基础的研究中取得的突破性进展,一般的人要想记住这些项目的名称就已经很不容易了,想要更为深入地了解当然也就难上加难了。这样的现实情况很容易使院士们的研究工作仿佛被涂上了一层神秘的色彩,普通群众由于感觉到其中的高深莫测,他们对于院士群体的认识当然就会停留在粗浅了解的水平上。可见,院士们所从事的研究工作所具有的高度的专业性、先进性和开创性,往往使得这一群体在被社会接受过程中,会让人们更多地停留在"高山仰止,景行行止,虽不能至,然心向往之"的敬仰甚至膜拜的层面上,而对于院士群体的生动事迹和杰出贡献的深入了解、热情宣传、认真学习及积极仿效,相对来说就显得困难得多。如果把大众对院士的了解、崇拜与某些人对娱乐明星的追捧、着迷相比较,那确实有着巨大的反差,有时甚至可以说有天壤之别,这一现象其实是不正常的。明星们的娱乐表演主要是满足人的感官享受,虽然也能给人以精神的享受,但主要是以强烈的感官刺激引发受众近乎疯狂的膜拜行为,这跟院士对于普通民众的激励作用完全属于不同的范畴。但是,如果人民群众的文化素质能够得到进一步的提高,社会对于院士群体所具有的精英文化的内涵,能够加以更加充分与深入的阐释和传播,那么,院士作为精英集团对于社会的影响力就能得到更为充分的发挥,就不但会有更多的人把院士作为尊重、崇拜的对象,而且还会有很多

人把他们作为学习和效仿的榜样。这对于提高社会的整体素质、促进大众创业、万众创新具有十分重要的促进作用。

1. 院士群体在探索和创新中焕发出来的生命伟力

把院士群体纳入精英文化的范畴加以考察,很重要的一个原因就在于这样一个人群具有一个明显的共同点,这就是他们的个体生命都能焕发出伟大的力量。对于每一个人来说,不但生命的历程有长有短,而且生命的质量也有很大的差别。也就是说,现实生活中个体生命的潜能在何种程度上能够得到较为充分的实现,无论对于个人还是社会来说都具有十分重要的意义。如果一个人把内在的生命力能够尽量外化为鲜活而又坚强的动力、活力与能力,以生龙活虎、恣肆汪洋的方式度过一辈子,并且怀有崇高的理想和远大的目标,抱有克敌制胜的激情和冲锋陷阵的战斗力,既有享受成功喜悦和胜利欢欣的机会,又有在挫折和失败的打击中经受住考验并且竭尽全力寻找否极泰来的转机的经历——这样的人生显示着生命力的高度旺盛,个体能够在驾驭客观环境的基础上自由自觉地掌握自己的命运,就像毛泽东同志年轻时所写的诗句"自信人生二百年,会当水击三千里",把那种充满虎虎生气,洋溢着勃勃朝气的生命力淋漓尽致地表现出来了。反过来,如果一个人老是活得窝窝囊囊,在强大的外在环境的压力下,不敢奋起反抗进行勇敢斗争,而是低声下气、唯唯诺诺,碰到棘手的问题和严重的困难,总是把自己束缚起来,缺乏勇气和智慧去战胜前进道路上的拦路虎,往往是忍辱负重,躲避退让,消极地接受各种坎坷与挫败的折磨,并且会更容易遭受外来的侮辱和损害,他们最终会变得脆弱无奈,生命的力量也就在畏葸不前的软弱无能、退避三舍的自怨自艾中逐渐流失。如果长期缺乏在沉默中爆发的勇气,其结果只能是经常处于死气沉沉、有气无力的困顿与落魄之中,人生在被动接受外来的消磨中变得越来越孱弱,最终也就在茕茕孑立的孤独中落得"无可奈何花落去"的惨淡下场。

通过对个体生命力在人生历程中两种截然不同的表现的比较可以发现,不同的人在他们生命力的表现上的不同方式,对于个人的命运发生着决定性的影响:所有的成功人士都是尽最大努力去张扬生命的力量,用一个又一个的奇迹创造一个精彩纷呈的人生。这样的人生由于生命充满了蓬勃的生机,就有更多的机会去成就自己,同时也就会有更多的造福社会的机遇,当然增加了为社会做出更多贡献的可能性。

可见,生命历程的充实和美好,对于个体在满足人民需要、推动社会发展的实践中产生了良好的促进作用,人生的价值就在生命力的勃发中得到了升华。精英人物在这方面的表现又要比一般的成功人士更加突出,他们的生命力具有更强大的能量和更坚韧的毅力,因此,他们的人生历程因为上演着跌宕起伏的壮丽话剧而显得格外的丰富多彩与波澜壮阔,充满浩然之气的生命往往呈现出强大的震撼力而激动人心、激荡历史。院士们的生命历程同样具有这样一种精彩非凡的表现——他们的创造性实践中虽然没有战场上硝烟弥漫、火光冲天那样的惊心动魄,但是透过静寂平常的外在表象,可以看到头脑在深入思考中掀起的暴风骤雨,生命在探索创新中激起的惊涛骇浪,知识、智慧、意志和情感在高强度的运作中往往会形成精神和心理的高潮,那种绚丽的光华只有深谙个中三昧的同道才能感受到,这也正是院士作为特殊的精英群体有时不太容易被大众所接受的内在原因。

那么,生命力的表现为什么会出现如此巨大的差异呢?它又是受哪些主客观因素制约的呢?要形成旺盛的生命力并且能够获得光辉灿烂的表现,又需要什么样的条件呢?对于这个问题,我们从以下几个方面加以讨论:

首先,可以从内在驱动力的角度来考察生命力的不同表现。任何事物在运动过程中表现出来的不同的态势都与提供给它的原动力密切相关,汽车发动机的马力大小直接决定着它的行驶的速度和载重的重量,火箭的推力同样制约着它所发射的卫星的重量和轨道的高低。人类在生命力展开的过程中,同样取决于内在的动力,只不过这种动力在心理学上被称为动机。

现代心理学认为,动机是指在目标或对象的引导、激发下,促使个体活动的内在动力。动机的产生主要有需要和刺激两个方面的原因。美国人本主义心理学家马斯洛认为,动机理论的研究应该坚持以人为中心,应该强调对健康动机的研究;同时要坚持整体动力论,必须深刻阐明动机与个体和环境的相互关系,科学分析动机与动机之间内在动力的整体关联。在研究的重心上,必须抛开文化的差异,直接把人类的基本目标或需要作为研究的基础。正是出于这样的考虑,马斯洛在建构他的人本主义动机理论时,一开始就把立足点放在人的基本需要及其层次发展上,1968年他提出了需要层次理论。马斯洛说:"至少有五种目标,我们可称之为基本需要,扼要地说,这就是生理、安全、爱、尊重和自我实现。此外,我们还有达成或维护这些基本满足赖以存在的各种条件的愿望所引起的动机,以及为某些智能更高的愿望所引起的动机。"①马斯洛还把这五个层次的基本需要分为低级需要和高级需要两种类型,并且指出在一般情况下,个体的低级需要得到满足之后,他才会产生对高级需要的渴求,他认为:"在人的发展中,在后一较高级的需要充分出现之前,比它低级的需要必须得到适当的满足。"②就像春秋时期著名政治家管仲说的"仓廪实而知礼节,衣食足而知荣辱",③但是马斯洛又指出,在某些殉道者那里,却会出于对高级需要中的某种理想信念的执着追求而心甘情愿地忍受乃至忽略低级需要的缺失,虽然他们在生理上的需要或许就像孔子所赞许的颜回那样,在物质生活上只维持在"一箪食、一瓢饮,在陋巷,人不堪其忧"的简陋水平上,但是在精神世界上却能够产生"回也不改其乐"的乐观和豁达。这就是说,当人们把特定的理想信念作为人生最重要的目标加以追求的时候,衣食住行等物质享受是可以置之度外的,为了民族和国家利益,为了人民大众的幸福,古今中外有多少仁人志士敢于抛头颅洒热血,把最宝贵的生命奉献给了崇高的事业,至于在物质生活中忍饥挨饿当然也就更不在话下了。马斯洛关于人的需要的层次说揭示了这样一个重要的道理:当一个人能够把高级需要的满足作为奋斗的目标,个体生命就会迸发出无穷的力量,这样生命力能够最充分地调动全部的体能和精神,体力、精力的各个方面在强力意志的激励下就像灼热的岩浆在沸腾奔涌,一旦遇到合适的时机就会冲天而起,形成壮丽奇异的爆发。正是到了这个时候,生命力的运行也就达到了巅峰状态,一切伟大人物和精英分子都是在这样重要的环节显示出不平凡的一面,从而在为实现崇高目标的奋斗中描画出生命最美的境界。

这样的伟人和精英们所孜孜以求的人生目标,总是代表着人类的正义,总是为了保卫和拓展最广大的人民群众的根本利益,总是起着促进先进生产力和先进文化的发展。这就是说,人的高级需要的满足体现着个体为完成所承担的历史使命,在忘我奋斗的过程中显示出生命的伟大力量,这对于社会来说同样具有崇高的价值。在马斯洛看来,人的需要的最高层次就是自我实现,当个体把这一需要确立为人生终极目标的时候,生命的内在动力肯定就变得无

① ［美］马斯洛:《人的动机理论》,《人的潜能和价值》,华夏出版社 1987 年版,第 176 页。
② ［美］克雷奇等:《心理学纲要》(下),文化教育出版社 1981 年版,第 385 页。
③ 《管子·牧民》。

限强大，战胜一切艰难险阻就有了充分的保证，人类一切正义的事业、重要的发展和伟大的创造就是依靠着无数这样的优秀分子的生命不息奋斗不止的拼搏而不断推进。每一个这样的优秀分子因为自我实现的高级需要得到满足而感到骄傲和自豪，自我实现使他们的人生价值得到了最大限度的体现，生命在这样高尚的境界中开放出最为艳丽的精神之花。中外院士群体中有多少人为了探索真理，把个人的吃苦受罪看作是微不足道的小事，许多人甘愿放弃原本可以享受的优越的生活条件，投身于科学研究及其他各种创造性实践的伟大事业之中。我们中国的院士在这方面的表现显得尤为突出，因为他们肩负民族复兴的历史使命，舍生忘死的战斗就是他们自觉追求的人生道路。

中国科学院院士、著名核物理学家、中国核武器研制工作的开拓者和奠基者邓稼先，就是把国家的强盛和人民的安宁作为至高无上的人生需要去追求的光辉典范。他坚决服从国家的需要，隐姓埋名从事原子弹的试验工作几十年，无论是在条件极为艰苦的戈壁滩试验场上，还是在设备简陋的实验室里，邓稼先都是身先士卒，靠着土法上马的方法进行各种实验，就是以"没有条件，创造条件也要上"的雄心壮志从事核武器的研制。至于生活的艰苦那就更不用说了，尤其是三年困难时期，连饭都吃不饱，而且还要经常和放射性物质打交道，邓稼先当然十分清楚这样的工作环境和劳动强度对于健康会造成极大的损害，但是为了国家的强大，所有困难都不在话下，即使献出宝贵的生命也在所不惜。马斯洛提出的需要层次说中最基本的生理的需要和安全的需要对于邓稼先来说是无法得到的。但是，这样的困难没有吓到邓稼先，因为他是自觉自愿地迎接这样的挑战。曾经留学美国并以优异成绩获得博士学位，在攻读博士学位期间邓稼先就已经取得了令人瞩目的研究成果，美国政府和他的导师都愿意提供极好的科研和生活条件，要他留在美国工作。邓稼先却婉言谢绝了师友们的挽留，毅然放弃优越的工作条件和生活环境回到国内。

当年大西北的戈壁荒漠到处都是砾石遍地、朔风卷地的景象，不要说研究尖端武器，就连生存都是很困难的。然而，邓稼先和他的同志们凭着炽热的爱国心和坚强的意志力，15次在冒着巨大危险亲临现场指导核武器的试验，理论上的重大建树和深入第一线的不懈探索，使他成为我国核武器研制的核心人物。但是，由于长期受到放射性元素的辐射，邓稼先患了严重的直肠癌，1986年7月29日因癌症晚期大出血去世。他临终前留下的话仍是如何在尖端武器方面努力，并叮咛同志们："不要让人家把我们落得太远"。邓稼先以自己宝贵的生命为代价,在国防科学研究的伟大事业中呕心沥血,为国家为人民建立了特殊的功勋,他的生命的价值在最崇高的意义上得到了自我实现,这就是他作为院士在最高的层次上展现了生命力的伟大与辉煌。

那么,作为人的最高需要的自我实现的满足,主要通过哪些方面表现出来的呢?

首先,必须明确自我实现的需要在其本质意义上说来,应该就是个体生命价值的实现。一个人来世上走一遭,由于特定的历史条件及个人主观的因素,有的人做得风生水起、有声有色,因为创造了不凡的业绩而在历史上留下了光彩的人生篇章;有的人得过且过、随遇而安,缺乏强烈的进取心,也就在各种不利条件的制约下碌碌无为地混了一辈子;也有的人整天都想出人头地,用不择手段的方式投机钻营,蝇营狗苟,可能得逞一时,但往往搬起石头打了自己的脚,最终被钉在历史的耻辱柱上。斑驳陆离的人生表现,归根结底跟人的世界观、人生观和价值观密切相关,个体在这些方面自觉不自觉地形成的思想体系,指引着他对于人生目标的选择和追求,而个人在现实生活中能不能坚持自己的人生理想,又跟特定的时代风气、周围环境和机遇运气等外在条件的总体面貌对主体意志发生重要的作用,而由于体质的强弱、智商的高低、性格的好坏等先天条件,个体对于种种外来的影响会产生不同的反应,并且由此形成了对于生命价值具体内涵的理解。于是,人的一生应该怎样度过,哪些目标应该竭尽全力去追求,如何才能使自己活得充实而有意义,这些问题最根本的关键就是价值的设定和实现。可见,马斯洛提出的在人的需要层次中处于最高位置的自我实现,其实就是生命价值的实现,他说:"自我实现的人所献身的事业似乎可以解释为内在价值的体现和化身,而不是指达到工作本身之外的目的的一种手段,也不是指机能上的自主。这些事业之所以为自我实现的人所爱恋(和内投),是因为它们包含着这些内在价值。也就是说,自我实现的人最终所爱恋的是价值而不是职业本身。"[1]可见,真诚地追求生命价值的人,才有可能达到自我实现的境界,而达到了这一境界的人应该都已进入精英的行列。院士群体在生命的自我实现的过程中,由于目标明确、方法科学、意志坚定而表现出充满活力、积极乐观、持久奋斗与富有成果等特点,他们的自我实现在整个精英阵营中显示出鲜明亮丽的特色。

① [美]马斯洛:《超越性动机论》,《人的潜能和价值》,华夏出版社1987年版,第215页。

当然,生命价值的自我实现不是空洞的口号,也不是束之高阁的经典,它必须在每一个人的日常生活中细化为具体的内容。也就是说,在人的各种需要中处于最高层次的自我实现,必须通过脚踏实地的工作和兢兢业业的奋斗,去完成一些对于社会发展和文明进步具有重要促进意义的任务。

简单地说,自我实现的第一层次就是工作目标的实现,也就是踏踏实实地为人民、为社会做些实事,这是朝着人生价值的最终实现迈出的第一步。这种工作目标的设定虽然不是完全取决于个人的设计与选择,但是个人应该在适应社会现实的基础上,以实事求是与积极进取的态度,承担那些力所能及又需要奋力一搏才能完成的任务。这样,既不至于因为无法完成过于繁重的任务而导致承受力和自信心的伤害,因为多次遭受这类伤害肯定会压垮工作的热情和奋斗的意志,反而会使人陷于失败的自责和困顿中以至于不能自拔;也不会因为承担的任务由于轻而易举就能做好而使人常常处于轻松潇洒的随意之中,压力的缺失往往会转化成责任心的缺失,就像铁人王进喜所说的,"人无压力轻飘飘,井无压力不冒油",长此以往轻松潇洒就会变成松懈倦怠,对于工作的不经心不投入,最终连原本能够轻轻松松完成的任务也因为主观上不够努力而失败。

从个人的成长过程来看,院士们在年轻时代就养成了认真对待每一项工作任务的优良作风,而且可以说这是院士群体共同的特点。无论是刚走上工作岗位做一些辅助性的工作,还是在有了一定的经验之后负责重大的研究项目或建设工程,都能以最严肃的责任心、最严谨的态度、最严格的标准来要求自己,总是把出色完成每一项任务作为义不容辞的责任。无论是"两弹一星"元勋,或者是在医疗战线上救死扶伤的医学大师,还是从事基础理论和工程技术研究的科技巨擘,他们之所以能够做出巨大的成绩,很重要一点就是从小养成了精益求精的工作态度。在以最高的标准完成工作任务的同时,形成了唯精唯一的优秀品质,也逐渐感受到由于认真工作带来的成就感,这些都为生命价值的自我实现打下了扎实的基础。

生命价值自我实现的第二个层次就是人生理想的实现。如果说工作目标的实现主要体现在做事的层面上,那么,人生理想的实现就进一步提升到做人的高度。所谓人生理想,就是个体生命在成长的过程中,通过家庭、学校和社会的教育,个人逐渐意识到应该设定自己的人生目标,就是说通过积极有为的奋斗,希望自己能够成为什么样的人。这样的主观愿望如果能够从个人的智慧、能力、兴趣、特长出发，往往可以激励个体生命不断积蓄力量，为克服各种困难、完成各个阶段的工作任务创造充分条件，并且最终使美好的理想得以实现。从成功学的角度来说，人的一生所获得的成就跟他的人生理想是成正比例的。理想就像指引航船前进的灯塔，尽管眼下的现实离它还比较遥远，但是有了一个明确的目标，奋斗就有了方向，行动就充满了力量。当事业进展顺利的时候，人们会感觉到离自己设定的理想越来越近，从而信心倍增；在前进的道路上出现坎坷的时候，理想就会发挥它的召唤作用，它给人以鼓舞，呼唤着陷入困顿的人重新出发，在卧薪尝胆、奋发图强的基础上乘风破浪继续向前。当一个人能够通过不懈的奋斗，能有效地驾驭复杂的社会环境，在胜利完成了一个又一个的具体工作任务的基础上，成功地实现了年轻时的希望，终于成为自己心目中憧憬多年的那个人，抱负转化为现实，一直遥望的那个高峰已经踩在自己的脚下，这样的人生是多么的美好，这样的成就又是多么值得骄傲与自豪。于是，巨大的成就感就会让人产生一种高峰体验，个体就会陶醉在生命价值在更高层次的自我实现中。

院士群体是创造的先锋，创新的前驱，他们之所以能够取得非凡的成就，跟远大理想的树立以及为实现理想付出的千辛万苦是分不开的。无论是受到系统而良好的教育，一路顺风顺水走过来的幸运儿，还是从小就在社会底层打拼，后来靠艰苦奋斗才创出一片天地的穷孩子，他们最终能够走进院士的行列，自然有着各方面的主客观原因，而具有远大理想却是一个不可缺少的根本要素。中外院士的成才之路都说明了这一点。虽然每个院士都有充满着个性色彩和命运特征的成才之路，但有一个十分明显的共同点，就是他们都希望自己成为对社会有用的人才，都希望自己的人生有更精彩的表现，能够创造出无愧于时代的杰出成就。正是对于生命价值有这样的自觉，才会使他们朝着既定目标勇往直前——当顺利完成一项具体的工作任务时，他们不骄不躁、乘胜前进；当遇到绊脚石、拦路虎时，他们会下定决心排除万难；当遭受挫折乃至暂时的失败时，他们会及时总结经验教训，找到问题的症结所在，然后重整旗鼓，以愈挫愈奋的气概走上新的征程，直至达到胜利的彼岸。这样，人生价值就在理想的自我实现中上升到更新更美的层次，生命在事业的成功中透现出来的重要意义已经完成了向人格完善的高度升华，这对于院士群体来说当然具有非同寻常的意义。

生命价值自我实现的最高层次是历史使命的实现，也可以说是在殉道的层次上追求人生最高价值。如果说前面两个层次的自我实现更多地体现了个人的抱负和志向,那么历史使命的实现则更多地体现了个体对于社会乃至全人类的担当。也就是说,任何一个人不管从事什么工作,也不管他具有何种社会地位,只要向往成为一个优秀的人、一个高尚的人、一个有益于人民有益于社会的人,就必须把个人的成才愿望和社会的需要紧密结合起来,自觉按照时代的要求和人民的期望贡献自己的聪明才智。这就是使命的自觉,就是把追求生命价值自我实现的过程纳入到服从民族进步、国家强盛和人民幸福的历史轨道中,个人的生命价值只有在勇敢承担历史使命的前提下达到自我实现,这样才是最高意义上的自我实现。

当今有些人从抽象的个体自由出发,否定个人服从社会的必要性,用简单粗暴的方式歪曲乃至否定"螺丝钉"精神。这种表面看起来为人的自由发展呐喊的说法,无论是在理论上还是在实践中都具有很大的片面性。这是因为个体生命价值的自我实现离不开社会,无论是从充分吸收前人留下来的间接经验出发,使自己由一个幼稚的孩童成长为满腹经纶的专家学者,还是在思想探索、科学研究、技术革命和文艺创造的领域中有所突破、有所建树,都离不开社会的帮助,任何令人骄傲的成就的取得,都是站在前人肩膀上向上攀登才有可能;而所有思想问题、理论问题、技术问题的解决,最基本的前提就是:这些问题都是由于社会前进过程中遇到现实困难或者理论困惑而提出来的。因此,要完全脱离社会、脱离群众,把国家和人民的需要抛在一边,想要做一些真正有意义的事,其实是不可能的。而积极投入到社会生活中去,在火热的现实生活中发现问题,尤其是研究解决那些严重影响社会进步和人民幸福的重大问题,把这样的问题作为自己最紧迫的工作任务,这样的做法因为顺应了历史的要求,个体的生命价值就在承担历史使命的过程中得到了最充分、最辉煌的自我实现。中央电视台军事频道播出的七集电视纪录片《军工记忆》,里面记录好几位中国工程院院士,为了"两弹一星",为了尖端武器,为了国家和人民的根本利益,毅然放弃原来所学的专业,根据事业的需要改行从事新的研究工作,并且在呕心沥血的付出中最终做出了巨大成就。他们之所以能够在国家需要的时候挺身而出,虽然所要从事的工作并不是个人原来所学的专业,但是他们都清醒地认识到:国家的召唤就是至高无上的绝对命令,个人必须无条件地服从,原本不懂的东西可以在实践中通过刻苦学习加以解决。正是这种高度自觉的使命感,使他们把生命的全部力量都投入到新的专业领域中,而且都在完成新专业的重大任务中建功立业。

我国著名的火箭与导弹控制技术专家和航天事业的奠基人之一，中国科学院院士、国际宇航科学院院士黄纬禄，大学本科学的是电机专业，后在英国留学获得无线电专业硕士学位。20 世纪 50 年代，由于国防科技事业的需要，他担任弹道导弹控制系统的总设计师，带领团队在东风系列导弹的试验和研制中取得了很多开创性的成就。1971 年为了研制战略核武器，上级任命他为"巨浪一号"潜射导弹的总负责人。他毅然离开已经熟悉的领域，到新单位率领同事们共同确定了正确的总体方案、制订了正确的技术路线和攻关项目，解决了试验中出现的各种复杂的问题。1988 年"巨浪一号"定型试射成功，使中国成为第四个能从潜艇发射弹道导弹的国家。

又如我海军 052 型导弹驱逐舰——中华神盾的总设计师潘镜芙院士，他在大学是学机电专业的，组织上需要他担任舰船设计工作，虽然这不是他所学的专业，但国家的需要就是命令，为了国防科技事业的需要，个人在专业上的已有的知识积累和工作经验，只有积极地把它移植到新的工作任务中来，并且在完成国家急需的重大任务的过程中让自己的知识、才能和青春年华在奉献中发挥更大的作用。潘镜芙就是怀着这样的信念，在舰船设计专业一干就是几十年，并且成为著名的舰船设计专家。当他接受了 052 型导弹驱逐舰的任务之后，把原有的书本知识和在工作实践中积累起来的实际经验融为一体，最终胜利完成了新型导弹驱逐舰的设计制造任务，为共和国增添了新的国之利器，为人民海军战力的提升提供了新的武器保障，自己的人生价值也在历史使命的实现中达到了光辉崇高的境界。

2. 院士群体人格魅力的具体构成

院士群体在精英文化方面的具体表现还可以从他们在人格上所具有的独特魅力来加以讨论。人格魅力这一词汇带有一定的描写性的意味，如果从科学的维度加以考察就能发现，它主要是指个人由于在性格、才情、气质、能力、品德等方面的特点及其在现实生活中的具体表现，对于他人所产生特殊的吸引力和影响力。每一个人都生活在社会环境当中，无论是待人接物的细微之处，还是在为人处世的重要环节，他在长期学习和修养的基础上形成了特定的行为方式，这种行为方式由于比较深刻地反映了个人内心世界的特点，因此就会随着年龄的增大而得到不断的强化，慢慢地成为一个较为系统的模式，也就成为一种风格。不同的人由于在性格、才情、气质、能力、品德等方面各有特点,因此所表现出来的行为模式是各不相同的,由此产生的对于他人的吸引力和影响力也就有了相当的差别。例如一个脾气粗暴的人,无论大事小情,只要不合自己的心意就大发雷霆,这样的人一般来说是很难跟人相处的,尤其是在短时间内跟他接触的人,往往对他望而生畏、退避三舍;如果一个人能力太弱,大事做不来,小事做不好,那肯定会让合作者觉得无能无用而离开他。反过来如果一个人性格温和、才情洋溢,有较好的自我克制能力,在工作中常常有大智慧、高效率,又能诚恳待人、热情助人,这样的人肯定能够吸引一大批人。因为他的同学、同事、亲戚、朋友都很乐意同他打交道,很愿意向他学习,所以他在社会上就会显示出较大的影响力。

这当然仅仅是人格魅力的基本内涵和一般表现,如果进行更为深入的探讨,还能发现人格魅力在特定的时间和空间因素的作用下形成各自的特征并表现出具体的时间和空间特点。所谓时间上的特点,也就是指个体的人格魅力不但在他活着的时候对社会产生不同的作用力,即使在他过世之后对后人还会发生一定的作用,那些具有很强大的人格魅力的人,他们的生命力量不但在活着的时候闪耀着特别亮丽的光彩,即使在离开这个世界之后,人们还会通过语言文字、影视资料等各种传播方式,回忆他们的功绩,赞颂他们的风范,尤其是他们在人际交往过程中表现出来的动人场面、精彩情节,往往会让后人津津乐道、代代相传。这就是说,人格魅力能够超越生命的存在而体现出某种永恒的品质,也可以说它具有一定的超时间的特点。

至于人格魅力在空间上的分布,主要是指不同的人群或个人扮演的不同的社会角色,就会在人格魅力上呈现出不同的主观追求和具体内容。例如,男女两性在人格魅力的表现上就会有一定的区别,政治领袖和普通民众,科研人员和文艺专才,他们在人格魅力的具体表现上就有一定的差别。当今社会女性在人格魅力的追求上显得格外的自觉与强烈,甚至有人直接把魅力这个词汇看成是女性的专利,因此,谈论女性魅力就成为很时髦的话题,名人讲演、脱口秀、真人秀以及情感写作、女性学堂等等,都在用力挥舞着魅力这面大旗。这种把魅力完全赋予女性的做法当然是不恰当的,其症结就在于忽视了人格魅力在空间分布上所具有的丰富性。

这就是说,不同的群体甚至个人在不同的社会角色中的人格魅力在表现形式上可以有所差别,但内在的基本点却是一致的,其核心就是在做人这一根本问题上,如何朝着尽善尽美的方向努力,如何把内在的人格美尽可能充分地、完美地表现出来。这些表现一般来说是由具体细节到宏大格局的提升，由外在层次向内在精神的深化，把人的性格、才情、气质、能力等特征的总和所形成的人格，在特定社会角色应该承担的权力、义务相统一的主体的资格的基础上发挥得更加充分，体现出更加强大的影响力。这就是说，所谓人格魅力，顾名思义它首先是建立在人格的基础之上。什么是人格？就是做人的格局或规格。一个人活在世上，跟任何产品一样也是有其规格的。对重要历史人物和当代伟人深有研究的著名散文家梁衡对人格的内涵有过深入浅出的分析，他说：

> 人格，既然名格，就是方方正正，于某事某情某理，行有所遵，言有所本，恪守一定尺度分寸，金钱名利诱之而不变，严刑生杀逼之而不屈，总是平平静静，按一既定的规矩做事；昂首阔步，按既定的方向走路①

这就是说，在主客观条件的特定作用下，个体在提升做人的规格上表现出强烈而又持久的自觉追求，并且达到了高规格做人的境界，这样的人格有可能体现出真正的魅力。因此我们讨论院士的人格魅力正是从这个意义层面出发的，而院士群体应该是人格魅力在不同人群的空间分布中相对讨论得不够充分、不够深入，因此也就显得更为迫切、更有必要。

那么，作为社会精英群体，院士们在人格魅力上有什么特殊的表现？这种表现又在何种情况下能够体现出院士这一特殊精英阶层的文化特色呢？为了讨论的深入，不妨先对某些论者对女性的人格魅力的阐释作一些分析，以便通过具体的比较，达到更准确地认识院士人格魅力基本特征的目的。新锐情感作家、主持人曾子航在《女人不狠，地位不稳》一书中分析了和女性魅力密切相关的"神秘女人"的应该具有的特点，认为"思想深藏不露，行踪飘忽不定，性格捉摸不透"的"三不女人"具有最大的吸引力，也就是魅力。② 这种说法如果是出于矫枉过正的考虑，让女性避免因为过于的简单直白而被男性误解为幼稚浅薄，从而危及婚姻的稳定，那还是有一定道理的。但是，如果把它作为女性魅力的葵花宝典，那就有可能造成误人子弟的不良后果。因为人格魅力的核心只能是个人在思想、言语、形体、行为等各个方面的良好表现所形成的"格

---

① 梁衡：《人格在上》，《千秋人物》，北京联合出版公司 2015 年版，第 338 页。
② 参见：曾子航《女人不"狠"，地位不稳》，中信出版社 2010 年版。

局"及其留给他人的美好形象。因此,所谓的"三不女人"很可能会给人以心理阴暗、行为隐秘、性格怪异的感觉,或许能给人带来些许神秘感,但更多的却是让别人以为这是一些无法沟通、不能深交、难以相知的怪诞魔女,哪个正常的男子会希望自己的妻子成为这样的女性呢? 依靠这样的神秘怪诞不但不可能获得稳固的家庭地位,反而有可能葬送正常的婚姻。可见,这种"三不"手段,根本不会给女性带来楚楚动人、流光溢彩的魅力,反而会让善良真诚的好女子蜕变成虚伪狡诈、诡秘莫测的隐形人,哪里还能谈得上魅力呢?

这就是说,女性的魅力首先应该建立在女性美的基础之上,尽管每一个女性在美的具体表现上各有不同,但是女性的魅力必须由形体美、风度美、气质美、才华美所构成的人格统一体却是不容置疑的。魅力就是美的外化与具体化,就是美的结晶与升华,它需要的是明确而坚定的思想、高尚而智慧的行为、温柔而鲜明的性格。当这些要素通过不同的组合排列形成个体独特的行为模式的时候,魅力也就在系统性的表现中呈现出来了。因此,魅力的培养不是故弄玄虚的炒作,也不是靠几条简单的秘诀或者随意拼凑的所谓技巧,而是发自内心的生命精华,也是个体的学识、修养、智慧、情感、意志乃至想象的高度融合,一句话,魅力就是充满正能量的生命之美在人际交往的具体行为中具有积极性、丰富性、系统性与稳定性的表现。正因为做人有格局,所以人生才充满正能量,才能产生强大的吸引力;也正是由于在做人的根本问题上体现出真善美的特性,所以才能影响他人,才能够促进人的本质力量和生命价值的积极提升,成为超越个体生命史的人类精神财富而具有永恒的意义。

从上述有关女性魅力的简要分析中可以发现,对于人格魅力的认识应该把握以下几个方面的基本点:一是从社会价值上来说,人格魅力应该具有真善美的内涵,魅力指数较高的人之所以能够得到人们热烈肯定和欢迎,之所以有很多人把他作为学习的榜样,就是由于这样的人格内涵具有内在感召力,能够焕发人们对完美生命的向往;二是从现实功能上来说,具有较高人格魅力指数的人,能够通过"润物细无声"及其他各种正面的方式去感染和影响他人,引导和激励更多的人朝着追求进步、追求文明、追求美好的人生目标前进,由此实现人格魅力特殊的社会教化功能;三是从人的发展的维度来看,比较多地出现有着很强的人格魅力的杰出人物,常常是人类社会发展尤其是人的发展进入到良好阶段的标志,不管是哪一个时代或者是哪一个民族、哪一个国家,只要在特定的时期能够涌现出一大批较高人格魅力指数的优秀人物,那么,这个时代或者说这个民族、这个国家的发展就是健康的、美好的，或者说这一时期的社会进步是比较显著的。例如文艺复兴时期的欧洲，就像恩格斯在《自然辩证法》中所指出的："这是一个需要巨人而且产生了巨人——在思维能力、热情和性格方面，在多才多艺和学识渊博方面的巨人的时代。"①这批具有高度人格魅力的巨人，不仅仅代表着整个欧洲的发展水平，也是全人类的发展水平在那个年代达到高峰的重要标志。

如果在人格魅力的基础理论方面有了以上这样一些共同认识，那么，对于院士群体在人格魅力上杰出卓越表现的理解就简单得多了。院士群体在人格魅力的表现上，首先要有跟普通人一样的真诚、善良与美好等做人的基本格局，其次要体现出精英层次所共有的优秀品质和杰出作为。院士群体是精英文化的创造者与展现者，但他们同样是人民大众中的一分子，人类社会对于人性美、人情美等方面的要求，他们当然必须做到，而且要做得更加出色、更加完美。这既是院士群体特定的社会地位所决定的，同时又是院士个人在人生道路上不断追求卓越所不可或缺的一个方面。

也就是说，一个人要想成为院士，不但需要在他所从事的研究工作中建功立业，而且在做人方面也要有优秀的表现。如果把探索成果转化为知识的储存形式——著书立说的行为，从一般的事功行为系统中单列出来，成为独立的单元即"立言"的行为，那么院士们的工作内容就和古人所说的"三不朽"颇为相似。《左传·襄公二十四年》谓："豹闻之，'太上有立德，其次有立功，其次有立言'，虽久不废，此之谓三不朽。"古人对于三者关系的梯度性理解，从当代行为科学的意义上加以审视，可以说是值得商榷的："立德"和"立功"不但可以同属一个层次，而且在现实生活中两者往往是相辅相成的。一个心地肮脏、行为卑鄙的宵小之徒，要想为人民为国家建立真正的功业、创造伟大的成就是根本不可能的。历史已经无数次地证明了这一点：只有以善良的人性、高贵的品德和正大光明的言行去从事专业工作，才会有积极的动力、高度的智慧、科学的方法、坚强的意志和丰富的想象，这样才有可能在探索和创新的过程中取得丰硕的成果，才有可能踏进科学的殿堂，并且登堂入室成为光荣的院士。由此可见，从人格魅力的角度尤其是对院士的人格魅力来说，思想感情、道德情操与

---

① 恩格斯:《自然辩证法·导言》,《马克思恩格斯选集》(第四卷),人民出版社1997年版,第287页。

人文情怀的重要性一点儿也不亚于聪明智慧、灵感才华,如果这两个方面在一个人身上不是此消彼长,而是或齐头并进,或你追我赶,这可以说是造就精英人才的必由之路,也是分析院士人格魅力的具体表现的基本参照系。

因此,我们有必要对院士的人格魅力进行概略的阐释,以下几个方面应该是比较重要的内容:

第一,创造力——院士人格魅力的核心要素。

作为社会精英的院士群体,要能够让人们全面地深刻地感受到他的人格魅力的强烈影响,最为重要的因素就在于他的创造力。创造力是推动人类社会进步最重要的力量,也是人之所以为人的基本特征,即人的本质力量的现实表现。从生物人类学哲学来说,创造就是人的专利,也是人跟一般动物的根本区别。这样的生存方式首先体现了人对自然的自由,人不再像动物一样完全听从自然的摆布,而是不断地对自己的生存状态提出这样那样的欲望,用自己的聪慧的头脑、灵巧的双手和组织起来的力量,按照人的意愿对原初的自然进行改造。于是,以合规律性和合目的性相统一为基本特征的创造活动,在锲而不舍的努力中成就了一个能够更好地满足生存需要的"人造世界",为人类社会在生生不息的创造性实践的基础上过上日新月异的美好生活提供了最根本的条件。

对于院士群体来说,通过探索未知世界的本质特征,达到驾驭客观规律、满足人民群众希望、过上更加幸福的物质生活和精神生活的要求,推动社会的进步,就是他们应该承担的历史使命。可见,创造力就是院士在一切工作中具有决定性意义的要素,也是社会发展和人民大众对他们的必然要求。人类历史就是在不断探索创新的艰苦努力中才有今天的辉煌,才把许许多多过去只是出现在神话中的幻想一件一件地变成现实。那么,在全人类普遍开展的创造性实践过程中,院士发挥着什么样的作用呢?这样一个特殊的精英群体如何展现属于他们的伟大的创造力呢?他们在创造活动中所建立的巨大功业又是如何转化为人格魅力的呢?这些问题可以从人的探究力、想象力和建造力的阐释中找到答案。

积极探究未知世界是创造力充满勃勃生机的前提。希望人类能有更美好、更舒适的生活,这一永恒的欲望是人类自觉地改造客观世界的起点,也是人在自然环境中获得自由的具体表现,更是一切创造活动的最根本的推动力。正是因为有了这样的欲望,人类才会通过各方面的艰苦努力去实现自己的目的。心理学的研究证明,欲望是人在自由自觉的创造这一本质特性的基础上产生的。一方面,人类脱离了自然界对于生存本能的限制,为向往更新更美的生活创造了外在的条件;另一方面,人类已经把一般的本能升华为学习的本能,为不断提高生活质量提供了内在的能力。正是在这样的背景下,人类改变生活的欲望就有了历史的合理性和现实的可行性。随着社会生产力的不断发展,人类的欲望所包含的内容也越来越丰富。马斯洛提出的人的需要层次说,其实就是对欲望的复杂内容的概括,并由此形成了一个系统结构。在欲望的推动下,人不断改造客观对象,使自己跟自然环境和社会环境形成了特殊的关系,而欲望不同程度的满足又使人作为主体在不同的水平上把握着客体与环境,并且不断提升自己和客体及环境的同一性的水平。从这个意义上说,欲望就是人改造世界、改造自己的根本动力,从而也是人类社会不断发展与历史车轮滚滚向前的永恒动力。

然而,改造世界、改造社会不能只是停留在想象与憧憬的意念层上,创造的实践必须以掌握并驾驭事物的内在规律为出发点。正是在这个意义上,探究就成为人类创造活动必需迈出的第一步。所谓探究,就是指人类对客观世界的探索与研究,就是认识和实践的不断深化。梁衡先生在记叙居里夫人发现镭的过程中有这样一段话,可以说很好地阐释了探究的重要性,他写道:

> 关于镭的发现,居里夫人并不是第一人,但她是关键的一人。在她之前,1896 年 1 月,德国科学家伦琴发现了 X 光,这是人工放射性。1896 年 5 月,法国科学家贝克勒尔发现铀盐可以使胶片感光,这是天然放射性。这都还是偶然地发现,居里夫人却立即提出了一个新问题:其他物质有没有放射性? 物质世界里是不是还有另一块全新的领域? 别人在海滩上捡到一块贝壳,她却要研究一下这贝壳是怎样生,怎样长,怎样冲到海滩上来的。别人摸瓜她寻藤,别人摘叶她问根。是她提出了放射性这个词。两年后,她发现了钋,接着发现了镭,冰山露出了一角。[①]

可见,探究的本质就是人类努力掌握未知世界奥秘的活动,这既是人的本质力量对象化的内在需要,又是人类自由自觉的创造能力得以实现与发展的基本

---

① 梁衡:《跨越百年的美丽》,《千秋人物》,北京联合出版公司 2015 年版,第 314 页。

途径。由于客观事物的本质特征总是要表现为由表象到内涵,由片面到全面,由个别到一般的渐进性与无限性,因此探究活动相应地呈现出由表及里、由浅入深、由此及彼的基本特点。

探究活动的这一基本特点,决定了它在具体进行的过程中需要经过的几个阶段:第一阶段是感官的探究,就是通过人的感觉器官去把握事物的外在特点。当红花绿草出现在人们面前时,我们的眼睛就会马上会被这两种颜色所吸引,在凝神观照的注视中,还会进一步观察红的具体表现——是大红还是粉红,是常见的还是罕见的红;鼻子也会在闻到花香的时候加以品味——是玫瑰香还是留兰香,是淡淡的清香还是浓郁的芳香。如果出现十分罕见的红叶绿花,感官就会对这类反常现象加以特殊的关注。第二阶段就是思想的探究,如果碰到平常罕见的事物,或者是对于那些需要寻根究底才能掌握的事物,人们就会运用已经形成的知识体系,并且开动脑筋,在认真观察、反复比较及深入分析的过程中,了解这一特殊事物与其他事物的差异,尽量找出它那与众不同的东西,在这样的思考、分析中进一步把握对象深层次的本质特征。第三步就是实践的探究,也就是在感性认识到理性认识的飞跃的基础上,通过直接动手的方式对事物加以实际的变革,检验从感觉、知觉到概念形成的过程是否合理、内涵是否正确,以及在此基础上展开的判断、推理及得出的结论是否符合客观情况。通过实践的检验,确证对于事物的内在规律的认识是否已经达到了人类认知能力的最高水平,是否已经在现实条件许可的最佳状态下揭示了具体的自然和社会现象的奥秘,是否掌握了有利于促进社会实践在更高级的层次上的展开。如果上述问题的答案是肯定的话,那么,探究活动就获得了成功,人们也就在特定的历史条件下掌握了一定的相对真理,探究活动才可以暂时告一段落。

以强劲的创造力为基本特色的院士群体,探究活动不仅是他们科学研究的题中之义,而且也是他们的生命价值的根本依托。也就是说,院士们之所以能够在科学的创造发明这一伟大事业中取得突破和飞跃,就是因为他们把探究客观世界的奥秘作为人生最重要的使命来对待,并且心甘情愿地为此付出全部的心血和毕生的精力。那么,他们的探究活动又具有什么样的特点呢?可以从这样几个方面加以考察:一是具有特别强烈而又持久的好奇心。心理学的研究认为,好奇心是指个体对于自己未知的新奇事物,或者对于处于新的条件下的外来刺激引起的注意、提问及操作的心理倾向。这种心理倾向促使个体形成强烈的探究欲望，并且作为重要的内在动机维持着探究活动的持续。好奇心是个体获取知识的动力，也是创造性人才的必然条件和重要特征。二是具有坚强的意志力。由于事物的内在奥秘不是直接呈现在人们的面前，而是隐藏在表象和现象的后面，需要人们抽丝剥茧般地透过现象去抓住本质，而这一过程必然表现为渐进的方式，人们只有在拨开云遮雾障的表象乃至假象之后，才有可能获得规律性的东西。如果在这个过程中或者略有所得就浅尝辄止，或者碰到一些问题就知难而退，那就不可能在复杂的探究过程中克服重重艰难险阻到达胜利的彼岸。在科学探究的艰苦过程中，需要的是生命不息奋斗不止的坚强意志，这往往是院士们取得伟大成就的重要因素。中国工程院院士、爆炸力学与核试验工程领域著名专家、总装备部某试验训练基地研究员林俊德院士，当他罹患胆管癌，并且已经到了癌症的晚期的危急时刻，他却拒绝接受手术，仍坚持工作直到生命的最后一刻。临终前三天医院对他进行抢救并下了病危通知，但他却要跟死神抢时间——他坚决要把平生积累起来的还未来得及整理的研究资料整理出来，在同事们和医务人员的帮助下，他在极度虚弱和剧烈痛苦中工作到生命最后一刻，直至坐在办公桌前昏迷过去。这样的意志力何等强大，这样的行为何等高尚，这样的人格何等伟大，林俊德院士的坚强意志简直"比铁还硬，比钢还强"！

可见，强大的意志力不但是完成探究任务的智慧和心理的主体条件，而且也是人格魅力的重要内涵——只有当个体在艰苦卓绝的实践中显示出意志的强大，只有当他在困难面前以巨大的勇气、高度的智慧、科学的办法展示无坚不摧、所向披靡的英雄风采，他的人格魅力的深层内涵才有可能得到人们的普遍认同和充分景仰。

创造活动的最终实现还需要建造力的参与。建造力就是人类在认识世界的基础上改造世界的基本能力，这既是检验探究活动正确与否的唯一标准，又是营造更舒适更便利的生活条件的现实表现，还是衡量人类发展水平的重要尺度。因此，建造力是人的本质力量不可或缺的重要内容，人类社会就是通过建造各种各样能够更好满足生存和发展需要的工具利器，才显示出生命的伟大。院士群体之所以能够成为精英文化的载体，也就是因为他们所从事的创造活动最终都能够通过建造这一环节，去推进人类文明的不断进步。

对于建造力的认识，有一个问题需要特别加以重视，这就是如何正确认识处在不同载体的创造成果的价值估量。院士群体的建造活动不只是局限在实际的物质产品的发明和革新上,在探究活动的进行过程中获得的阶段性的理论成果的各种表达模式的建构,也是人类建造力的重要表现,一个公式,一条定理,虽然这些建造物还不是以物质存在的方式实际作用于人们的生活,但是,它们都是人们在反复实验的基础上得出来的认识世界的新进展。这样的表述形式因为承载着知识和智慧,蕴含着情感和想象,还在实验过程中体现着操作的灵活和技能的巧妙,同样确证了人的本质力量对象化的发展水平而得到充分肯定。对于这样一些科学研究的成果,它在建构过程中必然符合内在的逻辑,最常见的就是运用最精练的数学形式表达新发现的规律性的东西。作为人类在深化对于客观世界的认识中获得的相对真理的组成部分,这样一种特殊的建造活动,必须加以高度的重视。不能因为它还没有成为物质产品而加以轻视甚至粗暴地否定,否则还会重现"文革"时代那种批判、否定知识生产和科学研究的荒谬绝伦、愚昧与疯狂。

第二,亲和力——院士人格魅力的社会要素。

如果说创造力是构成院士人格魅力的决定性要素,那么,院士在人际交往中表现出来的亲和力,则是吸引他人的社会基础。一个人如果具有很强的人格魅力,那么他周围的人包括他的下属、同事、亲戚、朋友乃至和他有过接触的人,甚至对他有意见的人,都会被他的品德、才华、抱负和能力所折服。他就像一个巨大的磁场,强有力地吸引着周围的人,这种无形的磁力就是人格魅力不可缺少的组成内容。对于在各种创造性实践中起着举足轻重重要作用的院士来说,亲和力既是个人道德修养和才情能力的具体表现,也是引导同伴共同完成探索研究任务的需要。

对于亲和力这个概念可以从两个层次去理解:第一层次是指一个人或一个组织对于他所在的群体发出的亲近感。也就是说,个体能让跟他有过接触的人感到容易接近,让人明确地意识到跟他交往不但不会有任何危险,而且是安全可靠、真诚可信的,由此感觉到这个人有较高的修养,他从待人接物到为人处世的态度和方式都是热情的、诚恳的、充满善意的,并由此生发出乐意提升交往水平的积极愿望。亲和力的第二层意思是指一个人或一个组织对所在群体的影响力。也就是说,当个体的作为让他人放心、开心、舒心,那么跟他接触的人就会愿意听他的话,也就更加容易接受他的意见和建议,更为积极地参与他发起的活动或者参加他领导的正式或非正式的团体,并且能够通过团体成员的共同努力,使这个团体形成亲切和谐的人际关系,最终产生凝心聚力、团结奋斗的效果。亲和力所具有的这两个层次的内涵,第一层次是基础。人们在一起工作生活,如果彼此缺乏信任,"鸡犬之声相闻,民至老死不相往来",那么无论是改天换地的伟大事业还是一件看起来十分平常的小事,都会因为各自拈轻怕重,相互推诿扯皮,以致造成严重内耗而无法完成。可见,真挚友爱的人文情怀和博大宽厚的胸襟怀抱,就是亲和力的根本要素。而通过对别人的友好与尊重,达到相互团结的目的,就是亲和力所产生的社会作用。人与人之间在心灵上的相知相通,从接触到交往,从投合到结缘,就是依靠建立在平等待人基础之上的心灵沟通。高尚纯洁的亲和力,就是一种发自内心的特殊素养和长期修炼的美好品质的自觉表现。

高度的亲和力是人们走向成功的重要因素,因为个人的活动必然要和他人发生各种各样的社会关系,在人与人的相处中能否让别人感受到你对他们的认同与尊重,能不能让同伴们心悦诚服地服从你的领导,并且竭尽全力去做好应该承担的工作任务,这就要看你有没有较高的亲和力了。中国古人常说,"士为知己者死",为一个懂你、敬你、理解人的人努力工作,甚至付出必要的牺牲,这是人类情感交流中的最高境界。院士群体属于精英范畴,当然就更需要有高度的亲和力了,不能因为你在专业上具有很强的能力或者已经获得了很多成果,也不能因为你已经当上了院士,对你的团队颐指气使、吆五喝六,那种居高临下轻视他人的做法,肯定会对自己的工作和人缘带来负面影响。特别是对弱者和新手,更不能另眼相看,否则的话不仅你在研究工作中的优势会受到很大程度的削弱,而且人们对你的人品也会产生这样那样的不安和怀疑。这是因为弱者与新手的不足之处也是相对而言的:有的人可能在理论思辨上稍微薄弱一点,但也许在动手能力上有一定的过人之处;年轻人缺乏工作经验,确实需要学术带头人和专业上的先行者给予更多的指点与帮助,但反过来他们有锐气、有胆魄、有干劲,还会由于思想上的束缚相对较少,容易产生一些新奇的思路和大胆的创意,所以同样必须给予高度的重视。

现实生活中院士们在人际交往中都能表现出很高的亲和力,不要说对团队里的同事,即使是合作单位的关系人,甚至是自己的学生,都会表现出发自内心的热忱、助人为乐的担当和平易近人的态度。出于对人才的爱惜,院士们对待年轻人不但能够热情指导、诚恳帮扶,而且往往率先垂范,用自己的模范行为给年轻人树立榜样,让他们充分感受到集体的温暖,尤其是在年轻人心目中具有崇高地位的院士的关爱和支持,更能使他们具体领略学识渊博、成就卓

越并且居于高位的院士在为人方面表现出来的高尚品质。稍加归纳,可以发现院士们在亲和力上的表现一般具有这样几个要素:

首先是襟怀坦荡、心态阳光。在整个精英阶层中,院士是具有最高的学历水平、最丰富的知识积累和最具创造力的特殊群体,知识、智慧与创造方面的优势使他们对社会、对他人乃至对自己都有很高的自信心。同时由于已经取得的各种成就和崇高的社会地位,心理的满足和精神的愉悦使他们能够更加充分地享受生命价值的自我实现所带来的成就感和荣誉感,由此形成的良好心境使他们更容易以积极乐观的心态关注现实观察他人,久而久之也就养成了襟怀坦荡、心态阳光的心理素质。同时,因为他们所从事的专业工作更多的是探索未知世界的奥秘,在这一充满艰辛的工作中需要投入生命的全部力量,往往没有时间也没有必要去卷入那些你高我低、家长里短的无原则的纠纷之中,而热忱的生活态度、简单明朗的人际关系,促使他们以开朗坦率、豁达乐观的心态情怀去拥抱生活。这对于提升亲和力的高度,起到了重要的奠基作用。

其次是乐观豁达、开心幽默。能够荣获院士这一国家最高学术荣誉的人,都是大学者大专家,有的还是在某一领域筚路蓝缕做出巨大贡献的一代宗师,那么,他们在日常生活中是不是开口就是高头讲章,动笔就是大块论文? 或者是整天板着面孔不苟言笑的卫道士? 答案当然是否定的,因为这是对院士们的生活方式的片面理解,也是由于把他们在学术研究中一贯秉持的严肃态度、严谨作风和严格要求,直接当作生活态度而产生的误解。其实,很多院士都有相当高的亲和力,这是内心世界的坦荡、情感表露的坦率所形成个性特征表露出来的优雅风度。正如陶铸同志所说的"心底无私天地宽",拥有热情开朗的精神生活、充满阳光的内心世界,自然而然就会对生活、对工作、对他人形成乐观豁达的看法,而这种乐观豁达又能够使自己的言语和行为显得开心,充满幽默。

那么,什么是幽默呢?"幽默本是人类思维逻辑高度发展的产物,然而,其思维方式又恰恰同人类正常的、普通的思维逻辑背道而驰,并以由此造成的不谐调因素为其重要审美特征。人类的思维活动越是进化,人类就越是希求从受逻辑制约的缜密思维和现实主义的冷静思索之中获得暂时的解脱,使自己的思维形态在幽默意境中'自我退化'到孩提时代。"[1]也就是说,幽默把工作

---

[1]　陈孝英:《幽默的奥秘》,中国戏剧出版社1989年版,第3—4页。

中的繁重与严肃化解为轻松愉悦,因为开心快乐能够感染别人,幽默起到了生活润滑剂的作用。所以从主观上讲,院士们都重视运用幽默的言语表达去增加生活乐趣,减轻工作压力给自己和同伴们造成的沉重负担。从具体的构成要素来看,幽默主要是由机智和情趣两大部分化合而成,而院士们都具有很高的学识和很好的修养,他们的大智慧、大情趣也就很容易成为幽默的客观条件。在主客观统一的基础上,院士们在人际交往中表现出来的乐观豁达、开心幽默也就是顺理成章的事了。快乐的气氛肯定会给人带来轻松愉悦的美好享受,在这样的氛围中工作生活,人与人之间就形成了心相通、情相悦的亲密,而这就是亲和力更进一步的具体表现。

再次是爱憎分明、是非明确。亲和力之所以能够成为人格魅力的重要内涵,还有一个因素是不能忽视的——这就是在人际交往中的原则性。也就是说,亲和力不仅需要直爽坦率和乐观幽默,而且还需要爱憎分明的原则立场和善于分辨是非的能力。因为亲和力不是依靠是非不分、一团和气的老好人方式得以实现的,如果是这样的话,就有可能造成青红不分、皂白不辨的不良后果。一旦出现这样的情况,那么,一个团体的正气就无法得到发扬光大,邪气就会乘虚而入,正直诚实的人们就会对不讲原则、不分是非的领导者产生不满,而这样的领导在团队中的声誉和光彩就会大打折扣。在这种情况下谈亲和力也就是缘木求鱼了。因此,一个好的领导、好的带头人,是不会让这种情况发生的。院士群体的智慧、能力和作风上的优异表现,决定了他们不会去当老好人,不会在大是大非问题上做和稀泥的骑墙派。他们固然不会在那些细小烦琐的琐事上卷入是是非非的争论和扯皮之中,而在关系到国家利益、科学精神、工作作风和人格培养等严肃问题上,都会以实事求是的态度、合情合理的规矩、积极稳妥的方法扶正祛邪,让整个团队有一个是非清晰、赏罚分明的工作环境,而这样的工作作风就能使院士们更进一步获得大家的尊重与爱戴,他的亲和力也就通过这样的途径得到新的提升。

可见,院士群体在人际交往中表现出来的坦荡襟怀、幽默乐观和爱憎分明的行为方式,使亲和力的内容更为丰富充实,形式更加生动活泼,这样就能有效地保障人际关系的良好沟通。一个互相关心、互相爱护、互相帮助的工作氛围,不但使作为领导者和带头人的院士具有更高的威信和声望而显示出高度的人格魅力,而且对于每个人的潜能的充分发挥和工作任务的顺利完成,都会起到十分有益的促进作用。

第三，冲击力——院士人格魅力的动能要素。

精英人物能之所以对社会产生强烈影响，除了他们创造的不凡业绩所形成的光环效应之外，还在于他们的人格结构中除了以创造力为核心、亲和力为基础的丰富内涵之外，还表现在对大众产生的强烈的冲击力上。这就是说，高尚的人格能够对人起到一种振聋发聩、惊心动魄的作用。院士群体的人格冲击力虽然没有政治人物那样广泛强大，但是在时间的持久性和空间的跨越性上却表现出特殊的优势，因为探索和创造的生涯对于全人类都具有永恒的意义。

所谓冲击力，原本是物理学的名词，是指物体在相互碰撞时产生的力。物体在碰撞或打击的过程中，会形成一种先是突然增大随后很快消失的力，也称为冲力或者碰撞力。冲击力有一个明显的特点，就是它的作用时间极短，但所产生的量值却可以达到很大。在竞技体育中如足球的踢球，排球的扣球，网球、棒球与乒乓球的击球，都是属于碰撞的范畴，都能产生很大的冲击力。当然，到我们把这一物理学的术语引申到人文科学中来的时候，已经将它原来严格的科学定义宽泛化了，只是取了这一术语最基本的意思来使用，在某种意义上讲，带有比喻的意味。

作为人格魅力的另一种表现形式的冲击力，更多是指具有很强的正能量的人格，对于他人乃至整个社会所产生的强烈影响。能够产生这种冲击力的主体在人格结构上总是要超越一般的水准，以更为高深的思想境界、更为大胆的实践行为、更为突出的创新成就和更为和谐的人际交往，形成了内涵深邃、结构强劲并能引领时代潮流的人格结构。用物理学关于冲击力的定义来看，冲击力的大小应该跟这一物体的质量和它的动势有着内在的关系：质量与动势越强，产生的作用力就越大。人格魅力的构成及其冲击力同样依靠自身的质量，由于质量占优势的人格形成的冲击力肯定比较大，而在社会实践中做出较大贡献，又能够以较为活跃的姿态积极参与公众生活的个体，他的人格就会因为具有较高的质量而显示出强劲的冲击力。这样的冲击力在有效提升社会正能量的同时，还充分显示主体的价值与荣光。院士人格魅力就是通过这样的方式对人民群众产生积极的影响，这种影响会跨越时空限制形成非常巨大的量值。

具体说来，能够对他人产生强大的冲击的人格必须在为人做事的各个方面，尤其是关系到社会发展、国家命运、人民幸福、科学研究和捍卫真理等重大事件上，表现出正确的思想、坚定的立场、高尚的道德和积极的行动，这样的个体人格也就必然具有强大的质量。因为只有把生命的全部力量投入到本职工作和人类正义事业中去,人格结构才有可能形成高度的张力,才会对他人对社会产生震撼性的冲击力。从行为学的角度来看,一切有力量的行为都是正直的,就像线条中最简单的直线,无论是水平的位置还是垂直的态势,都显示着力的锐气;前者表现出延伸的无限,后者既可以呈现高耸挺拔的气势,又能够展示深邃贯穿的力度。相比之下,曲线就没有直线那样的气概,尽管它在形式上表现得很优美,但给人的感觉却总是柔软温顺的,既不能抗压,也不抗拉,还缺乏强劲的前进动力。正直的行为就像直线一样铿锵有力,而不是曲线那样弯弯曲曲的柔弱。当然,这里所说的直线与正直,不是指具体的行为方式,而是指做人的根本的态度。此外,当个人对各种社会事件做出自己的反应时,成功与否在很大程度上取决于他所能够调动的资源,如果没有蓄积足够的能量,往往会使原本有可能取得的成功付之东流。这就是说,当人格魅力作为冲击力展现在人们面前时,首先需要个体人格的坚强有力,其次还要求它经常处于积极的状态中。只有这样的人格,才能产生震撼性的冲击力,为人类社会创造更多的正能量。

那么,对于院士群体来说,能够产生较大冲击力的人格有什么具体的表现呢? 以下几个方面可以作为理解这个问题的切入点:

一是聪明睿智的头脑。对于院士来说,无论从事哪个专业,他们在专业领域所表现出来的聪明智慧,尤其是建立在这一基础上的创造性贡献,往往能够给人来巨大的冲击。他们在探究活动中表现出来的博闻强记、思维敏捷、想象生动并富有灵感等等,都会让人们充分感受到他们头脑的聪慧和知识的渊博,从而产生惊叹、感佩乃至崇拜的心理。由此引起的心灵震撼及其所产生的强烈刺激,就会在不同程度上促进人们对于"知识就是力量"的认识与追求,学习知识、崇尚科学就会成为一时的社会风尚。尽管这种热潮持续的时间不会太长,时尚在达到高潮之后也会归于平静,但对于社会风气的正面引导还是会起到积极作用的。尤其是在较短的时间里如果能够多次发生具有较强冲击力的刺激,那么就会给人们留下较为深刻的印象,更好地提升全社会学习和探索的热情,对于社会的进步和人民群众文化素质的提高产生更大的促进作用。

对于院士们来说,他们的工作内容就是探索未知世界的奥秘与建造美好的"未来世界",而自由自觉的创造则是这一工作最根本的特征。然而,任何个体要真正达到自由自觉的境界,必须要有十分丰富深厚的知识积累,必须通过各种有效的途径去吸收前人在创造性实践中获得的经验。只有把人类最先进、最丰富的经验积累转化为自己的知识,新的创造活动才有可能启动。正是在这个意义上,聪明睿智首先就表现在知识积累上的出类拔萃,因为前人流传下来的间接经验就是巨人的肩膀,后来者只有从这里出发才有可能继续向上攀登。尽可能最充分地掌握前人留给我们的知识经验,也是人类开展自由自觉创造活动的生物人类学前提,一切聪明智慧就是以此为起点的。人类如果不能充分利用自然界赋予我们的权利,不要说实现自由自觉的创造,就连一般的生存都会出现危机。当然,强调学习对于创造性实践的基础作用时,却不能否定个人天赋的重要性。由于遗传基因的关系,不同个体的聪明水平确实存在着一定的差异,但对于智商的高低却需要进行全面的分析,因为智力涉及人的多种能力,又跟人类尚未完全把握的脑科学密切相关,要想通过几种量表就对它进行准确的测定,可能还是把问题想得太简单了。当然,智商测试有助于了解个体在特定能力上的发展水平,而这一点对于个人如何采取更合适的方法促进智力的提高还是有一定意义的,但是更重要的还在于争取创造更好的条件,最大限度地开发个人潜能,真正做到人生价值的自我实现。而院士在成长道路上有非常丰富而又优异的表现,在对他们的聪明智慧产生巨大钦佩的同时,更多地吸取这方面的有益经验,不但能把院士人格的冲击力由短时间的震撼变成长时间的浸润,而且还能使更多的人在个体潜能的开发上获得更大的成功。

二是无所畏惧的气节。院士的人格之所以能够产生强大的冲击力,除了他们在专业工作中表现出来的巨大智慧之外,非智力因素的气节方面同样是不可或缺的要素。气节就是个体在纷繁复杂的社会生活中所秉持的骨气和节操,是坚持正义,在各种压力面前坚贞不屈的品格;是坚持原则,坚定不移地追求和捍卫真理的行为;是坚持理想,为实现崇高目标舍生忘死的奋斗精神。孔子说的"朝闻道,夕死可矣"①,表达了气节高于生命的伟大价值;诸葛亮在《出师表》中提出的"鞠躬尽瘁,死而后已",为后人树立了实现气节的途径,因此传诵至今,成为颇有影响力的人生格言。这样的人格思想,也就成为民族生生不息的文化基因和精神脊梁。

对于院士群体来说,他们的探索和创造不能离开社会,所以不能排除那些

---

① 《论语·里仁第四》。

邪恶势力、错误思潮对科学研究进行干扰、扼制及打击，有时甚至还会使用强权来迫使院士用自己的知识、名誉、地位去做假恶丑的帮凶。在这样的严峻考验面前，能不能坚持独立思考和理性精神，能不能抛开个人的得失成败去坚持原则，是坚守还是放弃做人与治学的原则，捍卫还是牺牲人格理想，是跟谬误、丑陋及罪恶同流合污还是一刀两断、分道扬镳，这就是考察个人有没有气节，怎样捍卫气节的关键所在。很多著名的思想家、科学家和艺术家都坚持独立的人格，没有在野蛮疯狂的凌辱中低头，为了捍卫真理不惧受迫害、不怕遭摧残，气节就在烈火的炙烤中显得更加顽强执着，人格力量也就在苦难的锤炼中得到了进一步的增强。

著名建筑学家梁思成院士在 1950 年就与陈占祥教授一起提出了北京城市建设的新规划方案，主张保护古建筑和城墙，并建议完整保留北京旧城，而在西郊建造新北京，但这一合理建议却没有被采纳。1953 年北京准备拆除牌楼，梁思成因多次提出反对意见而屡遭批判。当时北京市派了一位副市长向他解释拆除旧建筑的目的，梁思成不但不为所动，而且还跟他发生了激烈的争论。为此他在"文革"中受尽劫难，不但挨过无数次批斗，还被赶出清华园，最后被塞进旧城一条胡同的阴暗小屋里，在凌厉的寒风和伤病的折磨中去世。梁思成院士就像傲然屹立的青松翠柏，宁可在狂风暴雪中折断，绝不为了苟且偷生而抛弃科学、放弃原则。他的人格充满着浩然之气，充分显示了院士应有的节气，表现出强烈的精神冲击力。

三是荣辱不惊的心态。当院士群体的人格魅力以冲击力的方式作用于社会时，还有一个很重要的内容就是他们在人生的不同境遇中所表现出来的良好心态，中国古人常以"淡泊以明志，宁静以致远"作为处世的座右铭，这一格言可以引申为北宋名臣范仲淹在《岳阳楼记》中所阐述的"不以物喜，不以己悲"，为了科学事业，为了国家利益，为了坚持真理，首先要把个人利益放在一边，而是以平常心去对待自己的命运。只有荣辱不惊，才能使人格力量变得坚强，才有可能妥善应对人生中可能出现的各种不同的遭际。院士群体虽然属于精英阶层，但生活在纷繁复杂的社会上，仍然会和普通人一样有这样那样不尽如人意的地方，因为人的主观愿望和客观现实总是存在着一定的差距，个人的人生理念也会不可避免地跟社会的总体要求产生一些冲突，即使经过千辛万苦的奋斗，已经在事业上功成名就的院士，也还是会碰到一些不公平、不合理的待遇。如果是原则性的问题，当然应该拍案而起，挺身而出，对假恶丑的现象展开坚决的斗争。但是,有些不公平、不合理的事情落在个人头上确实是巨大的打击,但对整个社会或许并无大碍。这个时候能不能淡定地处理,就看你的人格力量的强弱与心态的淡定与迷乱了。

对于院士群体来说,把那些不应该发生却偏偏发生了的事情,看得淡一点、轻一点,任凭风云变幻,我自岿然不动,最好的办法就是把逆境所造成的心理落差转化为专业工作的动力,在全身心地投入研究与创新的过程中转移苦难与屈辱带给自己的伤害。这个时候,虽然没有充足的资源,没有完整的团队,但只要能够顶住那些无谓的压力和苦痛,苦心孤诣专心致志,在专业上是可以大有作为的。历史上由于蒙难而取得伟大成就的例子不胜枚举,司马迁在《报任安书》中早就指出:"盖西伯拘而演《周易》;仲尼厄而作《春秋》;屈原放逐,乃赋《离骚》;左丘失明,厥有《国语》;孙子膑脚,《兵法》修列;不韦迁蜀,世传《吕览》;韩非囚秦,《说难》、《孤愤》。《诗》三百篇,大抵贤圣发愤之所为作也。此人皆意有所郁结,不得通其道,故述往事,思来者。"这一论述鼓舞了多少遭受厄运的有识之士。当今中外院士有不少人在苦难中顽强奋斗,把屈辱升华为斗志而创造出非凡的业绩,这样的人格力量具有极为强烈的冲击力。

在逆境中奋发有为当然是伟大人格产生强烈冲击力的一个方面,而另一个方面就是如何在顺境中保持英雄本色,能不能以咬定青山不放松的精神继续拼搏,争取创造更大的成就,这对于院士的人格建构是一种更大的考验。因为在取得成就以后,各种荣誉、地位、金钱往往纷至沓来,新闻媒介蜂拥而来,争相邀请参加各种各样的社会活动,工作和生活条件得到根本改善。这既是人生风光无限的出彩时刻,但同时也是成功人士面临重大考验的关键环节:有些人自以为功成名就,在人生道路上再也用不着艰苦奋斗了,在顺境带来的安乐窝中讲享受、讲排场,利用已经掌握的权力做些交易,对年轻人以居高临下的态度颐指气使,对于学术上持不同意见的人挖空心思加以排斥打击,俨然以学阀自居。当然,在院士群体中这种得志便猖狂的小人应该是绝无仅有的,绝大多数院士在顺境中都能经受住荣誉、地位的考验,处逆境而不馁,居顺境而不骄。因发现镭而引发了世界科学革命的居里夫人就是这方面的杰出代表,她用一生的青春、才华和生命换来 10 项奖金、16 种奖章和 107 个名誉头衔,尤其是两次获得诺贝尔奖,更使她成为世界科学界高高飘扬的旗帜。但是她没有把任何一个奖项作为享受的资本和索取的筹码,而是视名利为粪土,在自己并不富裕的情况下,却把奖金捐给科学研究机构和当时正处在战争中的法国,将人们都视为无价之宝的奖章拿给 6 岁的小女儿玩耍。她不为浮名所累,把社会给她的崇高荣誉看得如此平淡,而一如既往地在实验室里做她的研究,一直工作到 67 岁那年离开人世。这就是最高尚的人格,也是院士群体中的伟大典范,这样的人格所焕发出来的冲击力,将永远是人类最为宝贵的精神财富。古人云:"君子之本,本立而道生。""本"能不能立起来,就在于人格的力量,无论在顺境还是在逆境中,都能做到荣辱不惊,这样的人格就是坚强的,就是充满正能量的,而院士人格的魅力或曰冲击力就是在这样的基础上产生的。

总之,院士文化作为精英文化,就是院士群体在探索、创新和牺牲精神的鼓舞下,个体生命在经历了千辛万苦的磨炼中实现了伟大的价值。他们挺立在智慧和道德的高地,在为社会创造业绩的同时,充分关注着人格力量的充实与提升,而人格魅力又使精英文化熠熠生辉,成为照耀人类社会不断前进和人的精神世界更加美好充实的指路明灯。

在多重矛盾的张力中不断前进的中国院士制度

本书通过对人类创造活动的本质特征的分析,对国家学术机构与院士制度的创建与传播历史进行了回顾,又从知识创造和智慧开发先行者的角度阐释了院士的历史使命,接着在制度文化的视野中论述了国家意志在院士制度建设中的意义及院士制度所承担的促进人类文明发展与提升综合国力的作用,最后又在精英文化的层面上讨论了院士群体的生命价值与人格魅力,由此对院士文化这一课题提出了自己的一些看法,初步搭建一个粗糙而简陋的理论框架。这样,本书在理论维度的探讨也就可以告一段落了。

但是从理论联系实际的要求看来,对于院士制度的文化内涵的探讨如果不结合中国院士制度的现实情况,那确实是一个很大的缺憾。但是,由于主题和篇幅的限制,如果在本书中对当今中国院士制度的现实情况进行更多较为深入的讨论,显然是不合适的,那就只能在这里对这一问题提出以下一些不成熟的看法,以便引起有关方面的关注与探讨:

一、对于院士制度设计的不同认识

目前,中国的国家级学术机构主要有中国科学院、中国工程院和中国社会科学院,但只有前两家设有院士,这就是人们熟悉的"两院院士"。中国社会科学院虽然是在 1949 年就成立的中国科学院的哲学社会科学学部的基础上升格的,从中科院分离出来自立门户的时间也要早于中国工程院,但却没有在制度层面上获得设置院士的资格。虽然经过多方努力,近年来在院内遴选了一批学部委员,但这种安排没有面向院外从事哲学和人文社会科学的专家学者开放。对于院士制度这种差异化的顶层设计,引起了社会公众尤其是哲学和人文社会科学界的费解与困惑。

从人类社会发展和文明进步的历史来看，哲学和人文社会科学是人类运用各种不同的方式把握世界的思维成果和经验结晶，对于正确指导人类社会实践具有十分重要的意义，发挥着其他科学门类不可替代的作用。哲学是关于世界观和方法论的学问，它探讨的是关于世界的本质、发展的规律以及人的思维与存在等根本性的问题。作为社会意识形态最重要的组成部分，它在人类认识世界认识自身的思维活动中占据着地位。从词源学的角度来看，哲学在希腊语中就是"爱智慧"的意思。也就是说，人类通过对于客观世界的探究和思考，能够不断地提高自己的智慧和知识水平，并且对自然科学和人文社会科学的研究反过来又起着重要的指导作用。而由浅入深、由表及里的认识世界、认识自身的思维活动，既能不断拓宽并且指引社会实践沿着正确的道路展开，也能够使人类自身在历史长河滚滚向前的流动中实现与时俱进的发展。由此可见，哲学在人类思想探索、精神充实和指导实践等方面具有重要地位并发挥着巨大作用，目前中国院士队伍没有哲学家这种不合理的现象，应该不能继续下去了。

人文社会科学主要是研究人类的精神世界和社会现实问题的。人文科学的主要任务是观察、阐释、探索人的精神生活的成长过程、活动方式和内在规律，社会科学主要研究人类社会发展各个方面的客观规律，探讨经济活动、宗教信仰、道德规范、法律制度、文化传播及军事防卫等问题，在思想理念和方法论的层面上为社会管理的良性运行，人际关系的和谐相处，生活质量的不断提高，提供积极有效的帮助。两者在有些学科中呈现出相互交叉的情况，就拿宗教学来说：如果从宗教的经典传播、组织架构、偶像崇拜、禁忌规约等社会性活动着手，研究它的历史沿革、运行方式、社会功能，那这样的研究就更多地偏向于社会科学；如果从教义信仰、心灵修炼、精神引导、心理满足等对于个人的精神生活的具体影响研究宗教，那就更多地体现了人文科学的色彩。

哲学人文社会科学对于社会发展甚至人类文明都会产生巨大的影响，尤其是某种哲学思想、人文社会科学的理论观点成为一个国家、一个民族的行动纲领的时候，往往能够左右这个国家、这个民族的命运。正确的哲学人文社会科学思想能够指引人民群众沿着正确的发展道路勇往直前，而错误的指导思想、理论观点必然会把人民的社会实践带到错误的泥潭中去。我国在20世纪中叶受到极"左"思潮的严重困扰，所谓"无产阶级专政下继续革命理论"及由此而来的斗争哲学、经济上的"大跃进"、"穷过渡",全盘否定前人留下来的文化遗产所谓"大批判",使人民群众遭受了巨大的劫难,国民经济到了几乎崩溃的边缘,这就是错误的哲学思想和荒谬的人文社会科学理论带来的恶果。而在 20 世纪七十年代末中国哲学界思想界爆发的"真理标准"的大讨论,高扬"实践是检验真理的唯一标准"的理论旗帜,"实事求是、解放思想"的辩证唯物主义理论深入人心,在哲学思想和人文社会科学的层面上,为中国的改革开放奠定了理论基础,找到了中国建设社会主义现代化、实现民族伟大复兴的"中国梦"的正确的指导思想。哲学人文社会科学对于社会发展和人民幸福所表现出来的决定性作用也就十分清楚了。

积极振兴哲学人文社会科学,高度重视在这些学科的学术研究中取得重要成就的专家学者,还具有多方面的积极意义。例如对于传统文化的传承和创新,对于自然科学和技术科学的创造发明的启迪与促进,都起着自然科学、技术科学无法替代的作用。中华民族的传统文化源远流长、博大精深而又灿烂辉煌,从现代哲学人文社会科学的理论高度出发,把那些古人遗留下来的至今仍然有着重要价值的理论知识和经验积累,加以系统的整理和深入的挖掘,这是继承民族人文社会知识精华的必然要求,同时对于建构具有中国特色、反映民族文化特性和时代需要的中国当代哲学人文社会科学新的理论体系,努力创造出适应中华民族伟大复兴历史使命的学术成就,一定能够起到积极的促进作用。

哲学人文社会科学的繁荣,对于自然科学和技术科学的发展同样具有十分重要的意义。这主要表现在两个方面:从宏观的层面来说,扎实丰富的哲学人文社会科学方面的素养,是包括科学家、技术家在内的所有人的全面发展的必要条件。也就是说,从事自然科学和技术科学研究的专家,他的知识结构、文化素养如果只是局限在专业范围之内,那就必然会在胸襟怀抱、学术视野、研究方法和使命担当等方面很难达到较高的层次,并且会对专业方面登上科学的巅峰造成很大的障碍。从微观的角度看来,在哲学人文社会科学方面具有深厚修养的专家,在科学研究和创造发明的具体过程中,往往能够更多地获得触类旁通的启迪,前人探索客观世界奥秘的有益经验、文学艺术生产所使用的形象思维方式以及思想、情感和意志对于创造性实践的引导和支持,都能够对科学研究和技术创新提供有益的帮助。正如陈大柔教授所指出的那样:"科学与艺术在审美实践上具有异质同构的关系,无论在内涵与外延方面都有着相含、相通、互补、互促之处。无论是科学作用于艺术创作，还是艺术运用于科学创造都使得人类的审美创造不断开辟出新的领域；二者的相互推动作用，均向对方提出了新的问题，也提供了新的条件，从而大大增强了人类按照美的规律进行创造性活动的能力。"①由此可见，作为人类掌握世界的重要方式之一，高度重视哲学人文社会科学，也是自然科学和技术科学深入发展的重要条件。

因此，在院士制度的顶层设计上解决目前存在的轻视哲学人文社会科学的问题，以中国社会科学院为主体，面向全国遴选院士，已经是一件刻不容缓的事了。还有一个相关的问题，就是在当今中国国家级的社会团体中，有工会、青联、学联、妇联、科协、工商联、残联等等，唯独没有全国性的哲学人文社会科学工作者联合会，他们的组织到省一级为止了。这对于几千万分布在高等院校、社会科学院、党校、政策研究系统、党史办、方志办及中小学等各条战线从事哲学人文社会科学研究者来说，是很不公平的。尽快成立中国社联，应该是广大哲学人文社会科学工作者的呼声。

二、对院士标准的争议

由于多方面的原因，中国科学院和中国工程院在院士增选的过程中曾经受到不少批评，关注的焦点就是什么样的科学家能够成为院士。其中 2011 年的院士评选以及获得 2015 年诺贝尔生物或医学科学奖的屠呦呦研究员，在中国却多次落选两院院士，应该是近几年来引起社会各界强烈关注的两件事。2011 年，从美国留学归来的年轻科学家饶毅和施一公，在当年的院士增选中双双折戟，从而引发了社会舆论对院士评选标准的热议，两人为何落选至今仍众议纷纷。屠呦呦因为没有博士学位、留洋背景和院士头衔，被人们戏称为"三无"科学家。前些年屠呦呦虽然几次被提名参评院士，但最终都未能成功。媒体对此提出了这样的质疑："无博士学位和留洋背景是'文革'前的历史条件所致，落选院士则值得探究。"②虽然由于施一公后来当选美国人文与科学院院士和美国科学院院士，在 2013 年终于选上中国科学院院士，而屠呦呦、饶毅却至今仍然没能进入"两院院士"的行列。其实，这种情况的发生还不是极为

---

① 陈大柔：《科学审美创造学》，浙江大学出版社 1999 年版，第 291 页。
② 《屠呦呦为什么落选院士》，人民网 2015 年 10 月 05 日。

个别的事例,如杂交水稻专家袁隆平,为中国粮食增产奋斗了一辈子,取得的科研成果应该是有目共睹的,虽然在 1995 年当选中国工程院院士,但 2006 年4 月却被美国国家科学院遴选为外籍院士,中国科学院没有接纳袁隆平,当然引发了科技界和舆论界的批评。中科院上海微系统与信息技术研究所研究员李爱珍,数十年如一日默默做着研究工作,她领导的课题组成功研制出 5 至 8微米波段半导体量子级联激光器,实现了此类激光器在亚洲的"零的突破",并使中国进入掌握该先进技术的国家之列。她数次参加中国科学院院士的评选,却都在第一轮就被淘汰出局。但她却在执世界科技牛耳的美国科学院当选为院士,而中国目前拥有这一荣誉的科学家只有 11 人,李爱珍是唯一没有国内两院院士头衔的科学家。如果不是因为当选美国国家科学院外籍院士,她恐怕还不为社会所知。诺贝尔奖获得者屠呦呦,因为在人际关系上体现出"不善交际","直率、讲真话、不会拍马"的科学家本色,全身心地投入到新型防疟药及其他课题的研究中,虽然由于她的决定性的贡献研制成的青蒿素,已经挽救了几百万疟疾患者的生命,却没有得到中国科学界的认同。与上述具有真才实学并取得杰出成就的科学家未能当选为院士形成鲜明对照的是:四川大学原副校长魏于全、中国农大原校长石元春、哈尔滨医科大学校长杨宝峰,虽然因涉嫌学术造假而屡遭检举、质疑,却依然稳坐院士的宝座。①

上面这些事例告诉我们,我国在院士评选中确实存在着一些不合理的现象,社会舆论和人民群众对于这类情况的关注、质疑,实际上是对中国院士制度的关心和爱护,而问题的核心则是评选院士的标准究竟是什么,有些人在科学研究和技术创新中没有取得什么成绩,却善于奔走于权力机关、管理部门,包装起来比皇帝的新衣还要荒唐可笑,自我吹嘘简直进入天花乱坠的幻境,利用手中权力及由此而来的金钱厚着脸皮疏通关节而无所不用其极,这样做虽然在极个别的情况下有一些效果,但这种效果是很有限的。然而,院士由于其在社会上的崇高地位,在人民大众的心目中是一个备受尊敬和爱戴的群体,一旦当这样一个备受人们推崇的组织在评选过程中发生一些不公平、不合理有时甚至是很丑陋的现象,就会严重伤害人们的感情,让人民群众抱着恨铁不成钢的态度,睁大眼睛仔仔细细审视其中的问题,并且通过媒体的放大从而形成一种群情激愤的社会心理。

---

① 参见《屠呦呦为什么落选院士》,人民网 2015 年 10 月 05 日。

那么,在院士评选问题上应该坚持什么标准呢? 答案只有一个:必须把学术水平、科研成果作为唯一的标准。这个标准从理论上说来应该会得到各方面的首肯,但是要把纸上或者口头上的东西变成现实,却不是那么简单的。由于中国的院士制度的历史还不是很长,建立在几千年的封建思想基础上的"官本位"意识,再加上伴随市场经济体制而来的追名逐利的邪念,原本崇高圣洁的院士评选活动,不可避免地受到权力和金钱的粗暴干扰。人们充分相信院士群体中的绝大多数学者专家,是能够抵御那些非学术性因素的诱惑与骚扰的,但也不能完全否认这样一种事实:个别人在人情、权势乃至利益面前丧失原则,最终做了为虎作伥的错事。而在院士评选中偏离学术原则,更多的表现则是对增补对象的求全责备:刚刚脱颖而出的"太年轻",从国外留学回来的"发表论文更方便"、"对国家贡献还太少",埋头苦干却不善于拉关系、跑衙门的人,自然因为默默无闻而给那些投票人造成"太清高"的印象,而敢于发表一些批评意见却又被认为"太高调"。这些影响院士评选公平、公正的各种原因,虽然有不少确实出于人之常情,但是作为主管部门的领导和手中掌握了投票权的院士们,如果偏离了学术标准这条基本原则,就必然会在评选过程中出现这样那样的偏差。可见,只有毫不含糊、坚定不移地坚持学术水平这条唯一的标准,才能够使学术上有建树、研究上有成就,对于人类探索客观世界的奥秘有新的推进,或者解决了国计民生中的重大问题的杰出人士当选为院士。这既有利于进一步提高群众对院士制度和院士群体的信任与尊崇,也能够更好地发挥精英人物的榜样作用,在社会上产生积极的连锁反应,促使更多有为青年投身于科学研究,为赶超世界先进科技水平形成可靠的制度保障和扎实的人才基础。

值得注意的是这一问题已经引起相关单位的重视。就拿中国科学院来说,早在四年前就召开全体院士大会,认真讨论"改进完善院士制度"的研究报告。中科院院长白春礼院士在接受《光明日报》采访时表示,改进完善院士制度,就是要明确定位,正视问题。他透露:"这项工作有四项原则:一是保持院士称号的学术性和荣誉性,不与物质利益挂钩;二是坚持院士增选工作的独立性和学术性,减少非学术因素的干扰;三是明确推荐人的权利和责任;四是为院士团体实现其功能定位,实现权利和责任的统一提供制度保障。"①

---

① 《多名院士呼吁彻查"张曙光花巨资评院士"事件》,《中国青年报》2013 年 9 月 30 日。

白春礼院长提出的四项原则,对于改进和完善院士制度肯定会产生积极的作用,尤其值得重视的是,其中有两项都涉及院士评选必须坚持学术性这一重要问题:第一项明确要求"保持院士称号的学术性和荣誉性",指出了院士称号的根本属性,这一结论为全体院士提供了一次"再认识"戴在自己头上光芒四射的院士桂冠的机会,也向热情关注院士评选的社会各界指明了院士称号的本真意义;第二项要求坚持院士增选工作的"独立性和学术性",这对于曾经出现过的权力干涉与金钱骚扰的丑恶现象,是一道强有力的防火墙,并且能够在制度建设层面与操作过程上,保证院士评选学术性标准的落实。白院长提出的增选院士的四项原则,说明中国科学院对于院士评选中坚持学术性标准的高度重视,相信这些原则今后能够在进一步优化的基础上得到全面落实,使中国院士制度建设上升到一个新的层次。

2014年6月11日表决通过的《中国工程院章程》(修订案),显示了中国工程院对于改进与完善院士增选工作中存在的问题是十分重视的,2015年1月,不但公布了增选工作实施办法,还发布了《中国工程院院士增选违纪违规行为处理办法》《中国工程院院士增选投诉信处理办法》等多份在2014年12月中国工程院常务会议审议通过的相关文件。

中国科学院和中国工程院对于院士评选过程中存在的问题高度关注,这不仅是对人民群众的大众传播所提出的问题的积极回应,更重要的是对中国院士制度的完善所采取的重要措施。这些措施对于院士评选标准和评选方法有了新的认识,提出了一些具有可操作性的规定,对于今后"两院院士"的评选,应该会产生积极作用。当然,这些做法应该说还有待在思想认识上的进一步深入,在规章制度上的进一步完善,在院士评选标准上的进一步科学,只有这样才能得到全国人民和媒体的认同与肯定。

三、对院士制度属性定位的纠结

院士称号是光荣的,因此也是所有从事科学研究和创造发明的学者所孜孜以求的崇高目标。中国科学院和中国工程院的章程都规定院士的增选每两年进行一次,前者每次增选50名左右,后者的增选人数由院主席团决定。从中国的科学研究和工程技术总体发展的水平来看,这一数字应该说已经相当可观了,但是对于那些已经取得了一定的研究成就,盼望着自己早日登上院士榜的科研工作者来说,每次 50 个左右的增选名额,在很大程度上还是一种僧多粥少的困难局面,往往是在满怀信心的希望中开始,然后在千方百计的苦心经营中前行,最终除了少数人如愿以偿成功当选,绝大多数人只能在"无可奈何花落去"的遗憾中承认落败。不过,像张曙光那样用金钱铺路打通关节的例子应该说是十分罕见的,至于有人雇用打手去殴打那些对他的研究成果提出否定性意见的鉴定专家,绝对是跳梁小丑铤而走险、不择手段的卑劣与丑恶的行径,跟院士增选中存在的具体问题根本是两码事。

然而,由于在院士增选过程中多年来形成的质疑与争议的积累,特别是屠呦呦获诺贝尔奖却不是中国院士的事实确实引起很多人的困惑,院士制度也就一时成为新闻媒体关注的焦点,许多专家学者纷纷发表意见,认为这一制度已经到了必须改进的时候了。不少讨论文章对于院士制度的本质属性如何定位发表了各种不同的意见,而清华大学医学院常务副院长鲁白教授更是直率地指出:"我们的院士制度目前还不是一个荣誉制度,更是一个利益制度。无论院士制度还是诺贝尔奖荣誉,都不应和太多的利益挂钩。不能因为获得了院士身份,就享有了更多的研究基金、决定权和人事权。目前院士连带有很多特权,所以才有人不择手段地去把自己变成一个院士。院士应该回归到一个荣誉,表彰一个阶段性的工作,荣誉的认可并不意味着有很多额外的利益。特别是那些理应通过学术竞争才能得到的利益,这个应该回归学术竞争,把院士制度去利益化。"①鲁白教授对于院士制度应该"去利益化"的看法,较为深刻地阐释了院士制度的基本属性,严肃揭示了院士评选过程中出现某些问题的原因,明确提出了改进与完善院士制度的路径与方法,这些切中时弊、观点鲜明的意见反映了一位有成就、有胆魄的优秀科学家对科研管理制度的深切关心,这些意见是值得相关方面高度重视的。同时,鲁白教授的意见跟白春礼院长提出的四项原则有很多相通的地方,特别是在院士制度及院士称号的荣誉性与利益性应该加以切割的看法,给人以英雄所见略同的印象。

在认同院士制度的荣誉性并且赞同"去利益化"的基础上,笔者认为对于荣誉性与"去利益化"两者之间关系的认识,以及如何进行具体的操作,还有很多思考的空间,其中有几个问题还需要进一步探讨:一方面是如何分清荣誉性

---

① 杜悦英:《中国科研评审制度"疾"在何处——访清华大学医学院常务副院长鲁白教授》,《中国观察发展》2015 年第 10 期。

与利益化的边界。因为在现实生活中这两者之间不但不是完全排他的关系,而且还存在着某种互补的关系,荣誉性能够给人带来利益,对于科学研究成果的奖励,也是体现社会对知识生产和智慧创造的重视。美国学者罗伯特·金·墨顿指出:"同行承认的奖励起了维持科学中迅速的——有时是不成熟的迅速——公众交流机制的作用。它为科学中的公有性提供了体制化的动机基础。"①那些不择手段想挤进院士队伍的人,争抢院士的桂冠就是为了牟取更大的利益。当然,在制度设计的层面上可以通过资深院士的设置而实际取消院士的终身制,限制院士兼职的数量,规定院士做学术报告的薪酬,等等。但是,这些只是院士称号所带来的利益的一部分,相当大的部分还是通过其他方式获得的,而且这些显性的经济利益在院士个人总的利益获得中的占比大小,还取决于他的价值取向、道德水准、交际能力及其所研究的专业在社会需求上的不同差异。有的人当上院士以后仍然把国家和社会的需要作为最重要的目标去追求,继续埋头于科学研究,对于个人待遇、额外收入看得很轻;也有人把院士作为攫取利益的敲门砖,一旦评上院士,就在充分享受功成名就的快乐的同时,想方设法去兑现院士这一荣誉称号所蕴含的经济价值,把自己变成学术界的"华威先生",到处兼职,到处作报告,而且都要索取高额报酬,因为这样既可以显示自己的尊贵的面子和非凡的水平,也可以拿到真金白银而换取更大的经济利益。这就是说,院士称号的荣誉性在那些对于更加看重个人的经济效益的人来说,能够比较方便地转化为物质利益性。另一方面是在具体的操作过程中要真正做到"去利益化"所面临的实际困难。在理论探讨和制度设计上确实可以提出很多措施对院士获取利益的行为加以规范,但是在实际操作中却会遇到很多困难。例如,各种科研成果奖项的评审、优秀人才的推荐选拔直至院士增选过程中所需要的评委,难道能够排斥院士们的参与吗?答案当然是否定的。一些尖端的研究项目及前沿课题,国内从事同一问题研究的有名望的专家可能就十几、几十个,即使是匿名评审,评审者由于以往长期的学术交流及师承关系,也很容易知道谁是论文的作者或项目的主持人。如果碰巧遇到自己的熟人、好友的弟子、本单位的同事或者专门为了评审上门请托过的,完全用学术水平一把尺子来衡量的,做到铁面无私确实是非常困难的。正

---

① [美]罗伯特·金·墨顿著,范岱年等译:《十七世纪英格兰的科学、技术与社会》,商务印书馆2007年版,第13页。

像鲁迅的诗句所说的，"无情未必真豪杰，怜子如何不丈夫"，人情总是会或多或少地起点作用的。尤其是在评选对象的学术水平没有显著差异的情况下，把砝码放到熟人、学生、同事这一边，这应该是人之常情，也是情有可原的事。可见，要求院士制度在制度设计层面或者是实际操作过程完全做到"去利益化"，是一件非常困难的事。人们之所以对院士制度的本质属性在理论认识上或实际运作中表现出左右为难的纠结，其原因就在于荣誉性与利益性之间确实存在着错综复杂的关系。

面对这样一个矛盾的现实，如何通过一些具体的措施能够使它得到适当的改善呢？笔者提出下几点建议供相关部门参考：

第一，对于院士制度的属性与院士称号的定位，在理论阐释与舆论宣传上应该更加科学地把握荣誉性与利益性的关系，应该把"荣誉崇高，利益有限"作为正确处理院士称号的荣誉性与利益性的基本原则，更多地宣传院士在成长过程中热爱祖国、热爱科学、勤奋学习、忘我拼搏的光辉事迹，进一步发扬光大院士群体为国分忧、为民奋斗的拼搏精神。这样做不但能够为院士群体正确处理荣誉与利益的关系提供典范，而且还能够通过高唱正气歌以推动社会风气的净化和优化，为民族复兴的伟大事业营造良好的社会氛围。

例如，年近九旬的中科院院士潘际銮教授，是中国当代焊接专业的当之无愧的泰斗，他带领科研团队攻克了很多重要的科学难题，为国家解决了一个又一个重大工程问题，他的科研成果价值千亿。潘际銮的国家级科研成果不在少数，但是他的贡献却很少被人们了解，在国际上重要学术刊物上发表的论文并不是很多，因为很多科研成果是需要保密的。这位"老派院士"坦言，一个科学家为国家创造价值是应当的，至于他个人能不能因此受益，能够拿到多少钱，他"根本不在意"。这么大岁数了，他想的还是"干活"，这是因为自己"终身陷在这个事业里了"，就是要"为国家做贡献"，而不是赚钱。潘际銮院士高风亮节、正气盎然，正是院士群体在对待荣誉、对待利益方面所表现出来的主旋律，也是院士文化之所以能够成为精英文化的内在依据。

第二，对于院士的物质奖励和经济待遇的相关规定应该加以严格规范，具体到固定津贴、讲座薪酬、兼职数量都应做到有章可循，这方面可以参照在院士制度建设上历史悠久、制度健全、运作高效并得到社会广泛认同的先进国家的制度设计，相关规章制度应该坚持公开性、公正性与公平性的原则，并严格接受法律和社会舆论的监督。这既是更好提升国家科学研究和创造发明的整体水平的保证,也是对每一个院士真正的爱护和关心。在相信绝大多数院士能够正确对待荣誉、正确对待金钱的前提下,也必须以更高的标准和更严的要求,为院士这一光荣称号筑牢防波堤——用规章制度尤其是法律的严肃性,去预防并遏制那种把荣誉蜕变为利益交换的资本,把那种"一只死老鼠坏了一锅羹"的恶劣现象扼杀在萌芽状态之中,用最严肃的态度维护院士群体的崇高声誉,坚决打击借院士称号非法牟取个人利益的贪腐罪行,保证院士群体成为克勤克俭、廉洁奉公的模范,并由此确保院士制度光辉灿烂的高洁品格。

因此,积极创造条件出台《院士法》,使体现国家意志的院士制度进一步上升到法律的高度,这无论是在院士权益的保障方面,还是在社会公众对于院士制度和院士称号的内在属性的认同方面,肯定要比目前由设置院士的国家学术机构制定的相关章程更具权威性与强制性。早日通过立法的形式促使院士制度得到更进一步的完善,就能更加充分地调动院士个体为这一光辉的称号增光添彩的积极性,更有效地杜绝对这一光荣称号抹黑蒙羞的错误乃至非法行为的发生,使院士制度成为吸引、召唤年轻一代更加积极地为人类进步、祖国繁荣、科学昌明而奋勇献身的制度瑰宝。

第三,院士的工作单位应该积极帮助院士不断提高思想水平和人生境界,鼓励他们不但在学术研究上发挥精英人物的榜样作用,而且还要在人格塑造和品质养成上成为全社会的楷模。当然,每一个院士都是专业上的学术权威,都是人才队伍中的稀缺资源,他们理所当然地会享受到高度的尊重和重视。必须指出的是,他们仍是单位里面的普通一员,一身正气、严守法纪是他们作为公民所必须履行的义务,即使戴上了院士桂冠也不能例外,这是法律面前人人平等的法制原则的基本要求。然而,对于属于精英人物的院士来说,要求他们坚持社会主义价值观,在做人方面同样应走在社会的前列,完全是题中之义。这并不是要求院士个个都成为完人圣人,也不是在院士道德品质、作风情操、气度修养与人格魅力等方面都提出完美无缺的要求,俗话说"金无足赤,人无完人",任何有可能导致阻碍创造活动的清规戒律,只能成为束缚人的思想和行为的无形枷锁,成为扼杀创造性思维自由飞翔的精神雾霾。如果对于院士在品行上的苛求让他们成为谨小慎微、小心翼翼的君子,那些大胆探索未知世界奥秘的雄心壮志在萌芽状态就会在德行火焰的炙烤中毁灭。

这就应该严格要求院士在做人方面把遵守法律和道德的底线作为最低标准,而把争取成为道德模范作为更高的标准,号召并鼓励院士们见贤思齐,努力在人格的培养与修炼中不断登上思想、道德、人性的新高峰。这样做,一方面继承与弘扬了中国文化要求杰出人才"道德文章"相统一的优秀传统,有助于促进与提升院士群体的人文情怀,使他们能够以更广阔的胸襟怀抱、更丰富的情感世界、更强大的人格魅力,在更高的水平上达到实至名归的崇高境界。对于院士在做人方面的高标准要求,只要不是异化为束缚思想、捆绑手脚的清规戒律,那就能够跟智慧的丰富、思想的活跃、想象的生动和技艺的精湛形成良好的互动。苏东坡说"粗缯大布裹生涯,腹有诗书气自华",说的是知识的积累有助于人的气质和才华的提升,实际上崇高的人格理想、高尚的道德品质和模范的行为表现,反过来也会因为美好的精神世界而养成良好的心境,帮助创造性实践获得更多成功的机会。也就是说,这个思路对于正确理解与妥善处理院士制度在荣誉性与利益性之间的矛盾,具有相当重要的启迪意义。

中国的院士制度由于创建的时间还不是很长,在发展过程中确实出现了一些不尽如人意的现实问题。这一方面是矛盾的普遍性在院士制度这一特定事物上的具体表现,另一方面也跟我国在经济文化和法治建设上的发展水平有关。但应该看到这些都是发展中的问题,因此,随着改革的深化和法制建设的加强,完全能够得到很好的解决,对此我们应该充满信心。只有更多的人对于院士制度的建设和发展赋予更多更热情的关注和爱护,中国的院士制度无论在学科分布上的合理性上,抑或在院士增选的标准上的科学性上,还是在处理院士制度的荣誉性与利益性的辩证关系上,都会朝着更完善的方向前进。我们应该满怀信心,相信这一美好的愿望一定能够成为现实,中国的院士制度和院士文化在博大精深的中华优秀传统文化的滋润下,在当代中国万众创新的肥沃而丰厚的土壤的培育下,一定能够成为中华民族伟大复兴的重要内容和光辉标识。

参考文献

[1]马克思恩格斯选集(1—4卷).人民出版社,1995.

[2]马克思1844年经济学哲学手稿.人民出版社,1985.

[3]毛泽东选集(1—4卷).人民出版社,1991.

[4]邓小平文选(1—3卷).人民出版社,1995.

[5][俄]车尔尼雪夫斯基美学论文选.人民文学出版社,1957.

[6][法]彭加勒 著.科学的价值.李醒民译.光明日报出版社,1980.

[7][美]克雷奇等著.心理学纲要(上).周先庚等译.文化教育出版社,1980.

[8][美]克雷奇等著.心理学纲要(上).周先庚等译.文化教育出版社,1981.

[9]江天骥.当代西方科学技术哲学.中国社会科学出版社,1984.

[10][日]堺屋太一 著.知识价值革命.金泰相译.东方出版社,1986.

[11]欧阳光伟.现代哲学人类学.辽宁人民出版社,1986.

[12]周义澄 .科学创造与直觉.人民出版社,1986.

[13]张相轮、凌继尧.科学技术之光.人民出版社,1986.

[14][美]马斯洛等著.林方主编.人的潜能和价值.华夏出版社,1987.

[15][美]菲利普·巴格比 著.文化:历史的投影.夏克、李天刚、陈江岚译.上海人民出版社,1987.

[16][美]S.阿瑞提著.创造的秘密.钱岗南译.辽宁人民出版社,1987.

[17][美]S.恩伯、M.恩伯著.文化的变异.杜杉杉译.辽宁人民出版社,1988.

[18]陈孝英.幽默的奥秘.中国戏剧出版社,1989.

[19][英]李约瑟.中国科学技术史(第一卷).科学出版社,1990.

[20]萧焜焘.自然哲学.江苏人民出版社,1990.

[21]冯之浚.科学文化.中国青年出版社,1990.

[22]陈望衡主编.科技美学原理.上海科技出版社,1992.

[23][德]黑格尔.法哲学原理.商务印书馆,1996.

[24][美]亨利·哈里斯著.科学与人.商梓书、江先声译.商务印书馆,1996.

[25]李燕.文化释义.人民出版社,1996.

[26][美]克利福德·格尔茨著.文化的阐释.韩莉译.译林出版社,1999.

[27]樊洪业.中国科学院编年史·1949—1999.上海科技教育出版社,1999.

[28]陈大柔.科学审美创造学.浙江大学出版社,1999.

[29]徐千里.创造与评价的人文尺度.中国建筑工业出版社,2000.

[30][美]拉里·A.萨墨瓦.理查德·E.波特主编.文化模式与传播模式.麻争旗译.北京广播学院出版社,2003.

[31][英]布莱恩·特纳 编.社会理论指南.李康译.上海人民出版社,2003.

[32]费孝通.论人类学与文化自觉.华夏出版社,2004.

[33]金元浦主编.文化研究:理论与实践.河南大学出版社,2004.

[34][英]马克·J.史密斯著.文化.张美川译.吉林人民出版社,2005.

[35][美]罗伯特·金·墨顿 著.十七世纪英格兰的科学、技术与社会.范岱年等译.商务印书馆,2007.

[36]李泽厚.实用理性与乐感文化.上海三联书店,2008.

[37]钱学森.钱学森讲谈录——哲学、科学、艺术.九州出版社,2009.

[38]陈望衡.越中名士文化论.人民出版社,2010.

[39]曾子航.女人不"狠",地位不稳.中信出版社,2010.

[40][英]托马斯·卡莱尔 著.论历史上的英雄、英雄崇拜和英雄业绩.周祖达译.商务印书馆,2012.

[41][法]弗雷德里克·马特尔著.论美国的文化.周莽译.商务印书馆,2013.

[42]梁衡.千秋人物.北京联合出版公司,2015.

索 引

后　记

此起彼伏的鞭炮声从窗外传来,浓浓的年味正在迎接丙申年的到来。在这辞旧迎新的欢乐时刻,这本《院士文化引论》的写作终于画上了不甚圆满的句号,让我可以轻轻松松地过春节了。

2013年3月,在时任浙江万里学院党委书记陈厥祥同志的倡导下,在宁波市科协领导的大力支持下,宁波市院士文化研究中心在浙江万里学院文化与传播学院成立。这对于全面介绍宁波地方文化,深入阐释现代宁波为民族复兴和国家现代化建设所做出的巨大贡献,是一件很有学术意义的事。在现代中国的经济建设和商贸领域涌现出许多商业巨子的"宁波帮",已经在以宁波大学"'宁波帮'研究中心"为代表的众多学者多年来的艰辛努力中,取得了重大科研成果。这些成果在丰富宁波地方文化内涵的同时,也为宁波的改革开放事业提供了人脉资源和精神力量的支持,他们所取得的辉煌成就令我们感到由衷的钦佩。而宁波市院士文化研究中心就是在"'宁波帮'研究中心"的启发下应运而生的。我们希望以这一研究机构为载体,以广大宁波籍院士在科学研究和创造发明中的杰出贡献为研究内容,从文化的层面对院士这一在人类文明发展中具有重要历史地位,对于很多人来说却显得颇为神秘的精英群体,进行较为系统的史实梳理和理论阐释。正是在这一基础上,研究中心筹划写作一套"院士文化研究丛书"。

我认为应该撰写一本阐述院士文化的基础读物,以便使广大群众对院士制度能有更为深入的了解,于是就申报了撰写《院士文化引论》这一课题。然而,当我真的着手这一项目的研究并且查阅了相关资料之后,却深深感到自己的知识结构和研究能力跟这一项目的学术要求具有较大的距离:虽然自己曾经在科技美学、城市美学和桥梁美学写过一些东西,但是对于院士文化的价值内涵、本质特征、类型表现与社会影响的把握还是显得十分模糊,尤其是相关的资料确实非常少,这样就使研究工作在起步阶段就有捉襟见肘的困惑,虽不能说是寸步难行,但也是在艰难跋涉的困境中奋力前行。

经过多次的反复之后,初步形成了本书的基本框架,这就是以人类自由自觉的创造能力为切入点,以世界各国国家学术机构的建立为脉络,从制度文化的角度去认识院士制度的内涵,从精英文化的角度去阐释院士群体的生命价值,最后对当下中国院士制度在发展过程中出现的矛盾提出一些自己的看法。这一框架虽然力求体现出书稿的逻辑性,但是在具体写作过程中还是感到问题很复杂,有的章节写了好几稿才觉得有点样子,虽然在相关的问题上也提出了一些个人的观点,但仍有一些章节反复修改后还是觉得不够满意。由于在写作过程中辗转于宁波—广州—新加坡—金华等地,四处奔波对于写作所需要的专心致志无疑带来了一定的损害,而本人有限的外语水平,也对积极吸收国外相关研究成果造成不利的影响。然而,由于课题完成的时间要求,以及个人的知识结构和理论水平无法在短时间内得到较大提高的原因,书稿就只能以目前这一面貌交付出版了。面对这一情况,在感到遗憾的同时,恳切希望本书能够起到一点抛砖引玉的作用,那就会让我觉得很满足了。

感谢宁波市科协领导、科协市院士服务和咨询中心的陈毓华主任和范世清博士,感谢陈厥祥书记、应敏校长和文化与传播学院陈志强院长、许国君书记、王声平副院长和院士文化研究中心主任张实龙教授,正是各位领导的支持和鼓励,使我能够克服在研究和写作中遇到的种种困难,终于能够在两年时间里完成了这一任务。也要感谢我的家人,原本应该花更多的时间和精力去照顾年逾九旬的父母和一度患病的妻子,还有远在海外高校任教并担负着十分繁重的教学科研任务的女儿,是他们的体谅让我能够抽出更多的时间从事写作,没有他们的理解和支持,这一课题很有可能半途而废。感谢浙江大学出版社傅百荣编审,作为曾经的室友,他为本书的出版花费了很多心血。同样要感谢担任本书装帧设计的刘依群同志,他高超的设计艺术为本书增色不少。

尽管清醒地意识到书稿中还有不少问题,但丑媳妇总是要见公婆的——书中的缺点和错误也只能在出版之后倾听读者的批评和指正了,如果过几年还有机会再版的话,那一定会认真吸收相关的批评意见并加以改进。这本不成熟的著作就像一只先飞的笨鸟,希望能够为院士文化研究这个新的领域引来百鸟朝凤的可喜局面,这样,本书的写作也会因为基本上实现了预定的目标,而让作者感到莫大的欣慰了。

於贤德

2016 年 2 月 7 日

于金华浙师大丽泽花园寓所

图书在版编目(CIP)数据

院士文化引论 / 於贤德著. —杭州：浙江大学出
版社,2017.2
ISBN 978-7-308-16060-5

Ⅰ.①院… Ⅱ.①於… Ⅲ.①院士－研究－中国
Ⅳ.①G316

中国版本图书馆 CIP 数据核字(2016)第 166138 号

院士文化引论

於贤德　著

责任编辑	傅百荣	
责任校对	杨利军	
封面设计	刘依群	
出版发行	浙江大学出版社	
	(杭州市天目山路 148 号　邮政编码 310007)	
	(网址:http://www.zjupress.com)	
排　　版	杭州隆盛图文制作有限公司	
印　　刷	富阳市育才印刷有限公司	
开　　本	710mm×1000mm　1/16	
印　　张	11	
字　　数	200 千	
版 印 次	2017 年 2 月第 1 版　2017 年 2 月第 1 次印刷	
书　　号	ISBN 978-7-308-16060-5	
定　　价	45.00 元	